"春节贺卡"最终效果

"时尚插画"最终效果

"美食广告"最终效果

"购物广告"最终效果

"蛋糕代金卡"最终效果

"人物照片"最终效果

"大头贴"最终效果

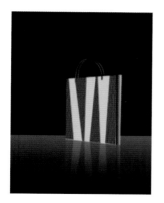

"精美包装袋"最终效果

"红酒包装"最终效果

"旅游杂志封面"最终效果

"咖啡网页"最终效果

"商城网页"最终效果

"水中倒影"最终效果

"艺术镜框"最终效果

"十三五"应用型人才培养规划教材

Photoshop CS6
平面设计实训教程

张庆玲 王芳 主编

李军 刘素芬 陈江 郭洪兵 副主编

清华大学出版社

北 京

内 容 简 介

本书通过实训讲解 Photoshop CS6 的基本功能、操作和应用技巧。本书共 7 章,内容包括 Adobe Photoshop CS6 基本知识、插画设计、广告制作、照片处理、产品包装设计、Web 网页设计、滤镜。本书中的每一章都有实训,能够帮助读者快速掌握 Photoshop CS6 的功能、操作技巧和制作思路,适合零基础的初学者快速入门。本书的素材和课件等资源可在清华大学出版社网站(www.tup.com.cn)本书页面下载,也可扫描前言中的二维码直接获取。

本书适用于高职高专院校多媒体设计与制作、电脑艺术设计、计算机应用等专业作为教材,也适用于 Photoshop 设计与制作培训班作为教材,更适合作为图像处理自学用书。

图书在版编目(CIP)数据

Photoshop CS6 平面设计实训教程/张庆玲,王芳主编.—北京:清华大学出版社,2018(2022.2重印)
("十三五"应用型人才培养规划教材)
ISBN 978-7-302-48606-0

Ⅰ.①P… Ⅱ.①张… ②王… Ⅲ.①图象处理软件—教材 Ⅳ.①TP391.413

中国版本图书馆 CIP 数据核字(2017)第 254926 号

责任编辑:王剑乔
封面设计:刘 键
责任校对:李 梅
责任印制:丛怀宇

出版发行:清华大学出版社
    网 址:http://www.tup.com.cn, http://www.wqbook.com
    地 址:北京清华大学学研大厦 A 座   邮 编:100084
    社 总 机:010-62770175   邮 购:010-62786544
    投稿与读者服务:010-62776969,c-service@tup.tsinghua.edu.cn
    质量反馈:010-62772015,zhiliang@tup.tsinghua.edu.cn
    课件下载:http://www.tup.com.cn,010-62770175-4278
印 装 者:三河市铭诚印务有限公司
经 销:全国新华书店
开 本:185mm×260mm   印 张:10.5   插 页:2   字 数:243 千字
版 次:2018 年 3 月第 1 版   印 次:2022 年 2 月第 6 次印刷
定 价:39.00 元

产品编号:073073-01

前 言
FOREWORD

作为一款优秀的图像处理软件，Photoshop 一直占据着图像处理软件的领先地位，是广告制作、产品包装设计、照片处理、Web 网页设计的必备软件。利用它，用户可以通过尝试新的创作方式，制作适用于打印、Web 页面等用途的图像；它提供了更快捷的文件访问方式、简易的专业照片装饰功能及方便的产品设计仿真形式，从而使用户能够创造出惊艳的图像。

根据高职院校计算机专业教学任务、培训等的要求，我们编写了这本集"教、学、做"于一体的教材。

本书主要介绍 Adobe Photoshop CS6 平面设计的基础操作与应用技巧，结构合理，层次分明，详略得当。本书最大的特点是采用实训方式，每章包含几个实训，涵盖了 Photoshop CS6 基础知识、菜单和工具以及面板的使用方法以及运用滤镜制作特效等知识点。通过完成具体的实训任务，可以实现相应的教学目标，使读者具备岗位专业知识与职业技能，以达到重点难点巩固、理论结合实际的效果。

Photoshop 是一门实践性很强的课程，应注重培养学生的动手能力，尽量提供配置完备的实训环境、丰富的素材，让学生在轻松的学习中掌握相关技能。通过实训，帮助学生掌握 Photoshop 制作的基本技能。

本书编者来自包头轻工职业技术学院。张庆玲、王芳任主编，李军、刘素芬、陈江、郭洪兵任副主编，刘际平担任主审。张庆玲编写了第 1、2 章，王芳编写了第 3、4 章，李军、刘素芬、陈江、郭洪兵共同编写了第 5～7 章。于慧凝、谢海波、赵志茹、陈慧英、刘涛、陆洲、韩耀坤、赵红伟参与了本书编写。

在此，还要特别感谢王高亮、刘际平副教授以及王慧敏等老师对本书提出的宝贵意见。限于编者的水平，书中存在不足和疏漏之处，恳请读者批评、指正！

编　者

2017 年 11 月

素材和效果
及课件.rar

目　录
CONTENTS

Adobe Photoshop CS6基本知识

教学目标

- 了解 Photoshop 的功能以及 Adobe Photoshop CS6 的新特性。
- 掌握安装、卸载和启动 Adobe Photoshop CS6 的方法。
- 熟悉 Adobe Photoshop CS6 的菜单、工具箱和面板工具，并学会简单的使用方法。

1.1　Adobe Photoshop CS6 简介

　　Photoshop 是 Adobe 公司旗下著名的图像处理软件之一。Adobe Photoshop CS6 是 Adobe Photoshop 的第 13 代，是一个较为重大的版本更新。Photoshop 在前几代加入了 GPU OpenGL 加速、内容填充等新特性，加强了 3D 图像编辑，采用新的暗色调用户界面，其他改进还包括整合 Adobe 云服务、改进文件搜索等。2012 年 4 月 24 日，Adobe 发布了 Adobe Photoshop CS6 的正式版，在 CS6 中整合了 Adobe 专有的 Mercury 图像引擎，通过显卡核心 GPU 提供了强大的图片编辑能力。

1.1.1　Photoshop 的功能

　　Photoshop 的应用领域很广泛，在图像处理、视频、出版等各方面都有涉及。Photoshop 的专长在于图像处理，而不是图形创作，有必要区分一下这两个概念，图像处理是对已有的位图图像进行编辑加工处理以及运用一些特殊效果，其重点在于对图像的处理加工。

1. 平面设计

　　平面设计是 Photoshop 应用最为广泛的领域，无论是我们正在阅读的图书封面，还是大街上看到的招贴、海报，这些具有丰富图像的平面印刷品，基本上都需要 Photoshop 软件对图像进行处理。

2．修复照片

Photoshop 具有强大的图像修饰功能。利用这些功能，可以快速修复一张破损的老照片，也可以修复人脸上的斑点等缺陷。随着数码电子产品的普及，图形图像处理技术逐渐被越来越多的人应用，如美化照片、制作个性化的影集、修复已经损毁的图片等。

3．广告摄影

广告摄影作为一种对视觉要求非常严格的工作，其成品往往要经过 Photoshop 的修改才能得到满意的效果。广告的构思与表现形式是密切相关的，有了好的构思还需要通过软件来完成它，而大多数的广告是通过图像合成与特效技术来完成的。通过这些技术手段可以更加准确地表达出广告的主题。

4．包装设计

包装作为产品的第一形象最先展现在顾客眼前，被称为"无声的销售员"，很多顾客是在被产品包装吸引并进行查阅后，才决定是否购买，可见包装设计是非常重要的。

图像合成和特效的运用使产品在琳琅满目的货架上更加突出，达到吸引顾客的效果。

5．插画设计

Photoshop 使很多人开始采用电脑图形设计工具创作插图。电脑图形软件使他们的创作才能得到了更大的发挥，无论简洁还是复杂，无论传统媒介效果（如油画、水彩、版画风格）还是数字图形无穷无尽的新变化、新趣味，都可以更方便、更快捷地完成。

6．影像创意

影像创意是 Photoshop 的特长，通过 Photoshop 的处理可以将原本风马牛不相及的对象组合在一起，也可以使用"狸猫换太子"的手段使图像发生巨大变化。

7．艺术文字

当文字遇到 Photoshop 处理时，就已经注定不再普通。利用 Photoshop 可以使文字发生各种各样的变化，并利用这些艺术化处理后的文字为图像增加效果。利用 Photoshop 对文字进行创意设计，可以使文字变得更加美观，个性极强，使文字的感染力大大加强。

8．网页制作

网络的普及是促使更多人需要掌握 Photoshop 的一个重要原因。因为在制作网页时，Photoshop 是必不可少的网页图像处理软件。

9．后期修饰

在制作建筑效果图包括许多三维场景时，人物与配景包括场景的颜色常常需要在 Photoshop 中增加并调整。

10．绘画

由于 Photoshop 具有良好的绘画与调色功能，许多插画设计制作者往往使用铅笔绘制草稿，然后用 Photoshop 填色的方法来绘制插画。

11．婚纱照片设计

当前的婚纱影楼都使用数码相机，这也使婚纱照片设计的处理成为一个新兴的行业。

12．视觉创意

视觉创意与设计是设计艺术的一个分支，此类设计通常没有非常明显的商业目的，但由于它为广大设计爱好者提供了广阔的设计空间，因此越来越多的设计爱好者开始学习

Photoshop,并进行具有个人特色与风格的视觉创意。视觉设计给观众以强大的视觉冲击力,引发观众的无限联想,给读者视觉上极高的享受。这类作品制作的主要工具当属Photoshop。

13．图标制作

虽然使用Photoshop制作图标在感觉上有些大材小用,但使用此软件制作的图标的确非常精美。

14．界面设计

界面设计是一个新兴的领域,已经受到越来越多的软件企业及开发者的重视,虽然暂时还未成为一种全新的职业,但相信不久一定会出现专业的界面设计师职业。在当前还没有用于做界面设计的专业软件,因此绝大多数设计者使用的是Photoshop。

1.1.2　Adobe Photoshop CS6 的新功能

1．裁剪工具

在使用裁剪工具时,它会直接在图像边框显示裁剪工具的按钮与参考线,所以以往从空白区域直接拉过来的操作方式被取缔了。还有一个极其人性化的改变就是以往裁剪完以后,如果不满意,需要撤销刚才的操作才能恢复,在 CS6 版本中,只需要再次选择裁剪工具,然后随意操作即可看到原文档。

2．修补工具

修补工具箱里增加了一个混合工具,裁剪部分则有透视裁剪工具。

3．参数设置面板

参数设置面板中其实还有更多新的条目,甚至还删除了两个项目:显示亚洲字体选项、字体预览大小。

1.2　"粘贴到"命令的使用

（1）按 D 键,将前景色设为黑色,背景色设为白色(即将前景色和背景色恢复到默认设置)。

（2）按 Ctrl＋O 组合键打开一个图像文件,如图 1-1 所示。

（3）用工具箱中的矩形选择工具在图中确定一个选择区域,作为文字的纹理,如图 1-2 所示。

图 1-1　图像文件

图 1-2　选择区域

（4）按 Ctrl＋C 组合键将选择区域中的图像复制到剪贴板中待用。

注意：在此之后不要再执行此类复制操作，应保持剪贴板中的内容不变。

（5）按 Ctrl＋N 组合键新建一个图像文件。

（6）输入文字。单击工具箱中的文字工具，菜单栏下面就会出现如图 1-3 所示的文字工具属性栏。单击其中的文字蒙版工具，再在工作区中单击（此时背景色变为红色，并有一光标闪动）后，输入"粘贴"两个字。输完之后将这两个字选中，再将鼠标指针向文字的下方移动，当出现移动工具图标时，拖动鼠标将文字移到图像的中心位置，如图 1-4 所示。

（7）选择"编辑"→"粘贴到"命令，将第（4）步存入剪贴板中的内容粘贴进文字中。最终效果如图 1-5 所示。

图 1-3　文字工具属性栏

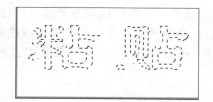

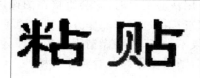

图 1-4　拖动鼠标　　　　　　　　图 1-5　最终效果

1.3　实　　　训

通过本实训学习如何安装、卸载和启动 Adobe Photoshop CS6，并通过使用"粘贴到"命令、添加光晕的练习，学会使用菜单命令、工具箱的工具及控制面板。

1.3.1　实训 1: Adobe Photoshop CS6 的安装、卸载和启动

1. 安装 Adobe Photoshop CS6 的系统要求

安装 Adobe Photoshop CS6 软件时，硬件配置和系统要求如下。

（1）硬件配置：CPU 主频 150MHz 以上，内存 32MB 以上，有 500MB 以上的硬盘空间，PCI 或 AGP 带 2MB 以上显存的显示卡，有光驱。如果要进行彩色图像的输入和输出，则还应配备扫描仪和彩色喷墨打印机。

（2）操作系统：Windows 2000 及以上操作系统。

2. Adobe Photoshop CS6 的安装

安装 Adobe Photoshop CS6 软件的具体步骤如下。

（1）将 Adobe Photoshop CS6 的安装盘放入光驱中，稍等片刻后光盘的内容会自动打开，双击 Setup. exe 图标，启动 Adobe Photoshop CS6 的安装程序。

（2）经过初始化之后，屏幕上出现如图 1-6 所示的"Adobe 软件许可协议"对话框，单击"接受"按钮，进入下一个安装界面。

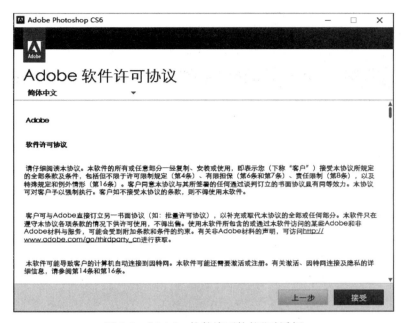

图 1-6　"Adobe 软件许可协议"对话框

（3）进入如图 1-7 所示的对话框。一般情况下，客户可直接单击"安装"按钮进入下一个安装界面（即用其默认的典型安装类型和 C：\Program Files\Adobe 的默认安装路径）。

图 1-7　"选项"对话框

（4）此时会出现一个安装进度条，用于显示当前程序和文件从光盘复制到硬盘的进度，在此过程中请耐心等待，如图1-8所示。

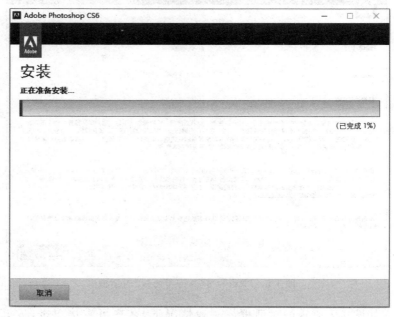

图1-8 "安装"对话框

（5）等所需的程序和文件都复制到硬盘上的目标位置之后，就会出现如图1-9所示的"安装完成"对话框。单击"关闭"按钮结束整个安装过程。

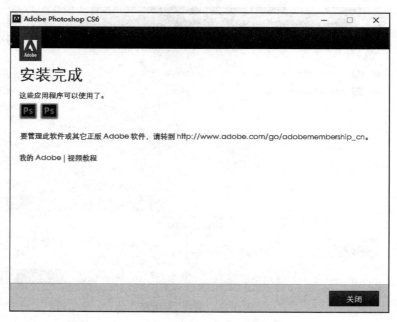

图1-9 "安装完成"对话框

3．Adobe Photoshop CS6 的卸载

当不再需要 Adobe Photoshop CS6 时，可以采用以下两种方法卸载此软件。

（1）执行"开始"→"所有程序"→Adobe Photoshop CS6→"取消安装 Adobe Photoshop CS6"命令，即可以卸载 Adobe Photoshop CS6。

（2）打开"控制面板"→"程序和功能"，选中其中的 Adobe Photoshop CS6 选项，然后单击"卸载/更改"按钮卸载 Adobe Photoshop CS6。

4．Adobe Photoshop CS6 的启动

启动 Adobe Photoshop CS6 最基本的方法是在桌面上双击 Adobe Photoshop CS6 的快捷方式图标 ，或是执行"开始"→"所有程序"→Adobe Photoshop CS6 命令。

1.3.2　实训2：添加光晕

添加光晕的具体操作步骤如下。

（1）按 D 键将前景色设置为黑色，背景色设置为白色。再按 Ctrl+O 组合键，打开一幅背景图片，如图 1-10 所示。然后单击图层面板下方的创建新图层按钮 ，得到"图层1"，将它设为当前工作图层，如图 1-11 所示。

　　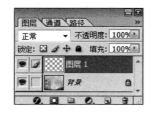

图 1-10　背景图片　　　　　　　　图 1-11　图层面板

（2）在工具箱中选择渐变工具，在渐变工具属性栏中选择渐变类型为"光线渐变"，如图 1-12 所示。接着单击渐变条，弹出"渐变编辑器"对话框，如图 1-13 所示。

图 1-12　渐变工具的光线渐变

（3）在对话框最上面的渐变列表框中选择色谱渐变样式，此时，色谱将出现在渐变名输入框，如图 1-14 所示。

（4）单击输入框右侧的"确定"按钮，在输入框中输入新渐变的名字"光晕效果"，如图 1-15 所示。

（5）在颜色编辑条下端，分别选中右边第 1 个色标，并在下边的"位置"输入框中输入99％，如图 1-16 所示；依次选中右边第 2、3、4、5、6、7 个颜色块，设置"位置"值分别为98％、97％、96％、95％、94％、93％，如图 1-17 所示。

图 1-13 "渐变编辑器"对话框

图 1-14 色谱渐变

图 1-15 新渐变名称

图 1-16 右边第 1 个色标

（6）在颜色编辑条的上端任意位置单击，添加一个不透明性色标，并将其"不透明度"的值设为100％，"位置"的值设为92％，如图1-18所示；再用同样方法添加一个不透明性色标，并将其"不透明度"的值设为0％，"位置"的值设为100％，如图1-19所示。选中第一个不透明性色标，将其"不透明度"的值设为0％，"位置"的值设为92％，如图1-20所示，之后单击"确定"按钮退出。

图 1-17 7 个色标位置值设置效果

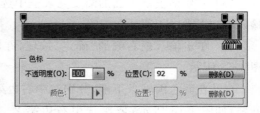

图 1-18 先添加的不透明性色标值

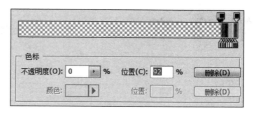

图 1-19　后添加的不透明性色标值　　　　　图 1-20　第一个不透明性色标值

（7）在图像窗口中由下至上拖动鼠标，即可绘制出一片光晕，如图 1-21 所示。

图 1-21　光晕效果

（8）在图层面板中，将图层的混合模式设置为"叠加"，如图 1-22 所示，使光晕与原图融为一体。按 Ctrl＋E 组合键合并所有图层，最终效果如图 1-23 所示。

图 1-22　图层的混合模式设置

图 1-23　最终效果图

插 画 设 计

教学目标

- 掌握图层的基本操作、混合与变换、图层蒙版和样式的应用。
- 掌握创建新的填充图层和调整图层的方法。
- 掌握制作春节贺卡、时尚插画的方法。

2.1 图层的基本操作

在 Photoshop 中,图层是其核心功能,在 Photoshop 中所做的任何操作都是基于图层的,就像我们画画时的画布一样。而通道则有两大功能:存储图像颜色信息和存储选区,可以使用通道对图像进行非常细致的调节。本章将讲述图层的基本操作、图层的变换与混合、图层蒙版、图层样式等中高级技巧的基本操作和应用。

2.1.1 图层的概念

一个图像文件中可以包含一个或多个图层,每个图层都有自己的图像,它们就像一张张纸一样叠放着,因此,上一个图层里的内容就会遮盖住其下图层的内容。由于每一图层都是独立存在的,因此对任何一个图层进行处理都不会影响到其他图层,除非将它们链接起来。

一般情况下,在 Photoshop 中打开或新建一个图像都只有一个图层,即背景图层。背景图层只能位于所有图层的下面,即底层,除非将它转换成普通图层才可以改变其位置。

2.1.2 图层面板

任何一个图像都是由图层组成的,在编辑图像时,更是离不开对图层的操作,而图层的大部分编辑都是通过图层面板进行的。在图层面板中,可以对图层进行复制、合并、删除等操作。在默认状态下,图层面板处于显示状态,如果工作界面中没有显示该面板,用

户可以执行"窗口"→"图层"命令,打开图层面板,如图 2-1 所示。在图层面板中会显示组

成图像的所有图层,而且图层面板中的图像缩览图与图像窗口

中的图像元素是相互对应的,在图层面板中位置居上的图层,

在图像中的位置也居上。

图 2-1 图层面板

下面介绍图层面板中基本组件的作用与含义。

(1) 当前图层:指目前正在进行编辑的图层。在操作中只

能有一个当前图层,在图层面板中单击需要编辑的图层,即可

将该层切换为当前图层。

(2) 显示/隐藏控制框👁:用于显示或隐藏图层。单击控

制框中显示的眼睛图标,即将图标关闭,相应的图层将被隐藏;再次单击控制框,即可将相

应图层显示出来。

(3) 图层缩览图:用于显示图层中图像的缩览图,以方便对图像的预览。缩览图的

大小可以进行调整。

(4) 背景图层:背景图层位于图层列表的最下方,该图层比较特殊,在该图层中不能

为其设置图层效果。

(5) 文字图层 T:输入文字时,在图层面板中会自动增加新的文本图层,文本图层的

左侧显示有图标,双击该图层可进入文本编辑状态。

(6) 形状图层:使用自定义形状工具创建的图层为形状图层。

(7) "链接图层"按钮🔗:用于控制图层之间的链接关系。当图层右侧显示链接图标

时,表示该图层与当前层之间有链接关系,在对当前层进行旋转、移动和变形等操作时,同

时会对链接层进行相应的改变。

(8) "添加图层样式"按钮🔳:在图层面板中单击该按钮,在弹出的下拉列表中可以

为当前层添加图层样式。

(9) "添加图层蒙版"按钮🔲:单击该按钮可以为当前图层添加一个图层蒙版。

(10) "创建新组"按钮🗀:单击该按钮可以建立图层组,方便图层的管理。

(11) "创建新的填充或调整图层"按钮🔳:单击该按钮可以创建填充图层或调整图

层。填充与调整图层可以对图像进行色调与色彩的调节,它只改变图像的显示效果,并不

改变图像本身。

(12) "创建新图层"按钮🔳:用于创建新的图层和对图层进行复制。

(13) "删除图层"按钮🗑:用于删除图层、图层样式和图层蒙版。

2.2 图层的应用

2.2.1 创建新图层

(1) 单击图层面板中的"创建新图层"按钮,即可新建一个图层,或者执行"图层"→

"新建"→"图层"命令,打开如图 2-2 所示的"新建图层"对话框,单击"确定"按钮以后,即

可创建一个新图层,如图 2-3 所示。

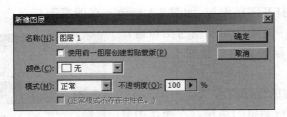

图 2-2 "新建图层"对话框

图 2-3 新建的图层

（2）在图像文件中建立选区后，执行"图层"→"新建"→"通过拷贝的图层"命令，或者执行"图层"→"新建"→"通过剪切的图层"命令，也可以建立新的图层。使用"通过拷贝的图层"命令，可以将选区内的图像复制为一个新的图层，如图 2-4 所示的图层 1；使用"通过剪切的图层"命令，可以将选区内的图像剪切为一个新的图层，如图 2-5 所示的图层 2。

图 2-4 复制选区的图层

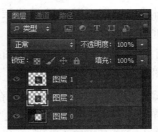

图 2-5 剪切选区的图层

2.2.2 复制图层

在 Adobe Photoshop CS6 中，不仅可以在同一图像文件中对任何图层进行复制，还可以在不同图像文件之间进行任何图层的复制。

1. 在同一图像文件中复制图层的方法

Adobe Photoshop CS6 提供了多种复制图像的方法，可以拖动需要复制的图层到图层面板中的"创建新图层"按钮上，或选中需要复制的图层，单击图层面板右上方的 ▶ 按钮，在弹出的菜单中选择"复制图层"命令，或执行"图层"→"复制图层"命令，都可以对指定的图层进行复制，如图 2-6 所示。

2. 在不同图像文件之间复制图层的方法

如果需要在不同图像文件之间复制图层，可以执行"图层"→"复制图层"命令，打开"复制图层"对话框，如图 2-7 所示。在"文档"下拉列表中，选择需要将图层复制到其中的目标图像文件即可（下拉列表中显示的图像文件是在图像窗口中已打开的所有文件）。

图 2-6 复制图层

图 2-7 "复制图层"对话框

2.2.3　删除图层

在图层面板中选择需要删除的图层后，单击图层面板右上方的 ▶ 按钮，在弹出的菜单中选择"删除图层"命令，也可以执行"图层"→"删除图层"命令或将图层拖动到图层面板中的"删除图层"按钮上，都可将指定的图层删除。

2.2.4　锁定图层内容

在图层面板中，提供了 4 个对图层进行锁定的按钮，分别是"锁定透明像素"按钮 ▨、"锁定图像像素"按钮 ✎、"锁定位置"按钮 ✛ 和"锁定全部"按钮 🔒，如图 2-8 所示。各个按钮的功能如下。

（1）"锁定透明像素"按钮：用于锁定图层中的透明像素。单击该按钮后，对该图层中的图像进行编辑和处理时，在图层中的透明区域将不受影响。

（2）"锁定图像像素"按钮：用于锁定图层像素。单击该按钮后，将不能对该图层中的图像进行任何编辑和处理。

图 2-8　图层中的锁定按钮

（3）"锁定位置"按钮：用于锁定图像在窗口中的位置。单击该按钮后，不能移动该图层的位置。

（4）"锁定全部"按钮：用于锁定整个图层像素和图层的位置。单击该按钮后，不能对该图层中的图像作任何编辑和处理。

2.2.5　调整图层顺序

在图层面板中位于最上方的图层，其中的图像在图像窗口中也位于最上方，该图层的不透明区域将遮盖下方的图层内容，若要将下方的图层内容显示出来，就需要调整图层的顺序。

在图层面板中，选中需要调整顺序的图层，将它拖动到目标位置后松开鼠标，即可更改该图层的顺序。更改图层顺序前后的效果如图 2-9 和图 2-10 所示。

图 2-9　更改前图层的顺序

图 2-10   更改后图层的顺序

2.2.6 链接图层

图层的链接功能可以方便快速地对链接的多个图层同时进行移动、缩放和旋转等编辑操作，并能将链接的多个图层同时复制到另一个图像窗口中。

选择需要链接的图层，单击图层面板中的"链接图层"按钮，当图层右侧显示有链接图标时，表示图层已经与当前图层链接在一起了，可以对链接在一起的图层同时进行编辑操作，如图 2-11 所示。再次单击"链接图层"按钮，可取消图层的链接。

图 2-11   链接图层

2.2.7 链接图层的对齐与分布

当图层面板中有两个或两个以上的链接图层时，执行"图层"→"对齐链接图层"命令，将显示该命令的子菜单，如图 2-12 所示。其中，包括 6 种对齐命令，从上往下依次为"顶边""垂直居中""底边""左边""水平居中"和"右边"，执行这些命令可以对链接图层进行对齐操作。

执行"图层"→"分布链接图层"命令，展开分布命令子菜单，如图 2-13 所示。在其中可选择分布链接图层的方式，执行分布命令后，系统将以当前层为基础，重新均匀排列链接图层。

注意：只有在图层面板中有 3 个及以上链接图层时，"分布链接图层"命令才能使用。

图 2-12   对齐命令的子菜单   图 2-13   图层的分布命令

2.2.8 合并图层

合并图层是将一些不再需要改动的图层合并在一起，以减少对磁盘空间的占用，提高图像处理的运算速度。单击图层面板右上方的 ▶ 按钮，在弹出的菜单中有 3 个合并命令，如图 2-14 所示。在图层面板中同时选取多个图层时，将显示如图 2-15 所示的合并命令。

图 2-14　普通图层合并命令　　　　图 2-15　合并链接图层命令

（1）向下合并：用于将当前层与其下的图层合并为一个图层。

（2）合并可见图层：用于将图层面板中所有显示的图层合并为一个图层，隐藏图层将保持不变。

（3）拼合图层：用于对选取的多个图层进行合并，隐藏图层将被删除。

2.2.9　图层属性

在 Photoshop 中，图层的名称和颜色是可以更改的。在图层较多的情况下，用户更改图层的名称，以便在图层面板中能迅速地选取需要的图层。

（1）更改名称：选取需要更改名称的图层，执行"图层"→"图层属性"命令，打开如图 2-16 所示对话框。然后在"名称"文本框中输入新的图层名称，单击"确定"按钮即可。

（2）更改颜色：单击图 2-16 中"颜色"选项的下拉列表，然后选择需要的图层颜色即可，如图 2-17 所示。

图 2-16　重命名图层　　　　　　　图 2-17　更改图层颜色命令

2.2.10 图层的混合模式和不透明度

1. 图层的混合模式

单击图层面板中的"混合模式"下拉列表 正常 ▼ ，如图 2-18 所示，在弹出的下拉列表中有 23 种图层混合模式，如图 2-19 所示。不同的图层混合模式可以使当前图层产生不同的图像效果，如图 2-20 所示。

图 2-18 图层混合模式　　　　　　　图 2-19 图层混合模式选项

(a)"正常"模式　　　　　　(b)"叠加"模式　　　　　　(c)"滤色"模式

图 2-20 图层的混合模式以及不同模式下的图像效果

2. 图层的不透明度

在默认状态下，图层的不透明度为 100%（即完全不透明）。在图层面板中拖动"不透明度"选项后面的滑块，可改变该图层的不透明度，数值越小，图像越透明。如图 2-21 和图 2-22 所示，即为改变前后图层不透明度的效果。

图 2-21　改变前图层的不透明度

图 2-22　改变后图层的不透明度

2.3　蒙版的应用

蒙版的主要功能是保护图像被遮挡的区域。蒙版通常作为灰度图像出现在通道面板中。一般情况下,蒙版的白色部分为完全透明区,灰色部分为半透明区,黑色部分为完全不透明区。在蒙版中,可以使用绘图工具对蒙版进行编辑操作。在 Photoshop 中,蒙版有以下两种类型。

（1）图层蒙版：图层蒙版是位图图像,与图像的分辨率有关,它由绘画工具或选择工具创建。

（2）矢量蒙版：矢量蒙版与分辨率无关,它由钢笔工具或形状工具创建。

2.3.1　添加图层蒙版

在图层中添加图层蒙版的方法：选择需要创建蒙版的图层,执行"图层"→"添加图层蒙版"→"显示全部"命令,即可在该图层中添加一个蒙版,如图 2-23 所示。

执行"显示全部"命令,添加的蒙版将以白色填充,此时将显示图层中的所有图像。如果按住 Alt 键同时单击"添加图层蒙版"按钮 ⬜ ,则创建后的图层蒙版中填充色为黑色,这样就会隐藏图层中的所有图像,如图 2-24 所示。蒙版中不同的填充色有不同的含义：白色意味着显示；黑色意味着隐藏；灰色或其他颜色意味着半透明。

- Alt＋Delete：直接填充前景色到蒙版。
- Ctrl＋Delete：直接填充背景色到蒙版。

图 2-23　图层中添加的白色蒙版效果

图 2-24　图层中添加的黑色蒙版效果

2.3.2 编辑图层蒙版

在图层上添加图层蒙版后,此时图像无任何变化,用户可通过编辑蒙版对图像进行处理,以隐藏图像窗口中的部分图像。

选取要加蒙版的图层,在工具箱中选择套索工具,选择一块选区,然后选择"图层"→"添加图层蒙版"→"显示选区"命令,这样就可以显示该区域下层的图像了,如图 2-25 和图 2-26 所示。

图 2-25 编辑图层蒙版前

图 2-26 编辑图层蒙版后

2.3.3 停用与删除蒙版

(1)停用蒙版:执行"图层"→"停用图层蒙版"命令,或在图层面板的图层上右击,在弹出的菜单中选择"停用图层蒙版"命令,停用的图层蒙版将显示为红色的"×"标志,如图 2-27 所示。

(2)删除蒙版:执行"图层"→"移去图层蒙版"→"扔掉"命令,即可直接删除蒙版。用户还可在图层蒙版中将蒙版直接拖动到"删除图层"按钮上,进行直接删除。

图 2-27 停用的图层蒙版

2.3.4 创建图层蒙版的选区

在 Photoshop 中,可以方便地将蒙版转换为选区。若要将图层面板中的蒙版转化为选区,可在按下 Ctrl 键的同时,单击图层蒙版缩览图。也可在图层蒙版缩览图上右击,在弹出的菜单中选择需要的命令即可,如图 2-28 所示。

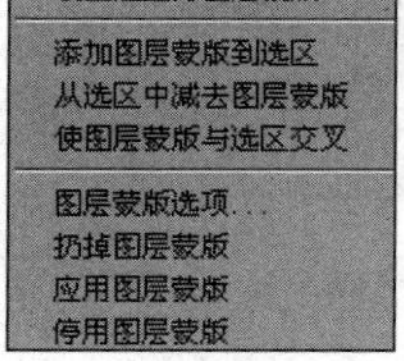

(1)"添加图层蒙版到选区"命令:用于将蒙版创建的选区添加到现有的选区中。如果图像中没有选区,则选择该命令后,只会将图层蒙版转换为选区。

图 2-28 选择命令

（2）"从选区中减去图层蒙版"命令：用于从已有的选区中减去蒙版创建的选区。

（3）"使图层蒙版与选区交叉"命令：用于对已有的选区与蒙版创建的选区的交叉部分进行交集运算。

2.3.5 添加与删除矢量蒙版

选择需要创建矢量蒙版的图层，执行"图层"→"添加矢量蒙版"→"显示全部"命令，即可在该图层中添加一个矢量蒙版，如图2-29所示。

选择需要删除矢量蒙版的图层，执行"图层"→"删除矢量蒙版"命令，即可删除该图层中的矢量蒙版。

图2-29 添加矢量蒙版

2.3.6 创建图层剪切蒙版

图层的剪切蒙版功能常用于快速制作类似图像镂空的显示效果。创建剪切组时，被剪切的图层应该放在蒙版图层的下方。

执行"图层"→"创建剪贴蒙版"命令，或按住Alt键在两个图层的分界处单击，都可以创建剪切组。使用剪切组的图层，底部会出现下划线。

2.4 实 训

2.4.1 实训1：制作春节贺卡

通过实训"制作春节贺卡"，熟练掌握"文件"→"新建"命令、"选择"→"全选"命令、"编辑"→"拷贝"命令、"图层"→"添加图层蒙版"→"显示选区"命令以及"设置前景色""套索""椭圆""横排文字"等工具的使用方法，同时熟悉图层蒙版的应用。通过图层蒙版可以控制图层某个部分的透明度，提高工作效率和灵活性。

制作春节贺卡的步骤如下。

（1）选择"文件"→"新建"命令，打开如图2-30所示对话框，进行如图2-30所示的设置，单击"确定"按钮，创建"制作春节贺卡.psd"文件。

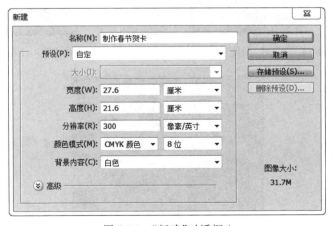

图2-30 "新建"对话框1

（2）新建图层，选择"设置前景色"工具█，打开"拾色器"对话框，对前景色进行如图 2-31 所示设置，单击"确定"按钮，选择图层，右击，选择"图层属性"命令，在"名称"处输入"底图"。

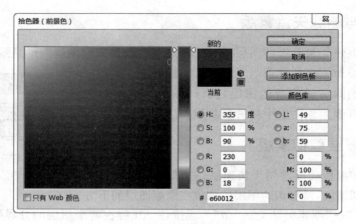

图 2-31 "拾色器"对话框 1

（3）选择"文件"→"打开"命令，打开素材库中"素材/第 2 章/制作春节贺卡/01.jpg"，如图 2-32 所示。

（4）依次执行"选择"→"全选"命令、"编辑"→"拷贝"命令，在"制作春节贺卡.psd"文件中，选择"编辑"→"粘贴"命令。选择图层，右击，选择"图层属性"命令，在"名称"处输入"花"，如图 2-33 所示。调整"花"图层的位置到如图 2-34 所示位置。

图 2-32 "素材/第 2 章/制作春节贺卡/01.jpg"文件　　　图 2-33 "花"图层面板

图 2-34 "花"图层

（5）选取"底图"图层，在工具箱中选择"套索"工具，选择一块如图 2-35 所示选区，然后选择"图层"→"添加图层蒙版"→"显示选区"命令，结果如图 2-36 所示。

图 2-35 "套索"工具选择选区　　　　　图 2-36 "底图"图层蒙版

（6）新建图层，命名为"绘制圆形"，如图 2-37 所示。利用"椭圆"工具在如图 2-38 所示位置绘制圆形。

图 2-37 "绘制圆形"图层面板　　　　　图 2-38 "椭圆"工具绘制圆形

（7）选择"文件"→"打开"命令，打开素材库中"素材/第 2 章/制作春节贺卡/02.jpg"，如图 2-39 所示。

图 2-39 "素材/第 2 章/制作春节贺卡/02.jpg"文件

（8）依次执行"选择"→"全选"命令、"编辑"→"拷贝"命令，在"制作春节贺卡.psd"文件中，选择"编辑"→"粘贴"命令。选择图层，右击，选择"图层属性"命令，在"名称"处输入"剪纸鸡"，如图 2-40 所示。调整"剪纸鸡"图层的位置到如图 2-41 所示位置。

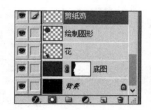

图 2-40 "剪纸鸡"图层面板   图 2-41 "剪纸鸡"图层

（9）选择"文件"→"打开"命令，打开素材库中"素材/第 2 章/制作春节贺卡/03.jpg"，如图 2-42 所示。

（10）依次执行"选择"→"全选"命令、"编辑"→"拷贝"命令，在"制作春节贺卡.psd"文件中，选择"编辑"→"粘贴"命令。选择图层，右击，选择"图层属性"命令，在"名称"处输入"祝福"，如图 2-43 所示。在该图层面板右击，选择"混合选项"命令，弹出"图层样式"对话框，参数设置如图 2-44 所示。调整"祝福"图层的位置到如图 2-45 所示位置。

图 2-42 "素材/第 2 章/制作春节贺卡/03.jpg"文件   图 2-43 "祝福"图层面板

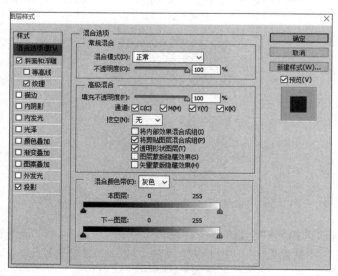

图 2-44 "图层样式"对话框

图 2-45　"祝福"图层

（11）选择"前景色"工具 ■，打开"拾色器"对话框，对前景色进行如图 2-46 所示设置，单击"确定"按钮。

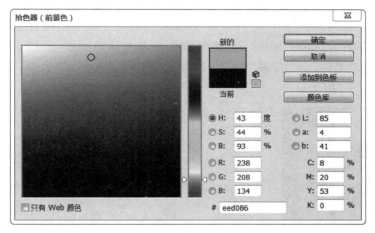

图 2-46　"拾色器"对话框 2

（12）新建图层，命名为"形状 1"，如图 2-47 所示。选择"椭圆选框"工具添加一个圆形选区，按 Alt＋Delete 组合键用前景色填充，并移动到相应位置，结果如图 2-48 所示。

图 2-47　"形状 1"图层面板

图 2-48　"形状 1"图层

（13）按住鼠标左键拖动"形状 1"图层到图层面板"新建"按钮上松开，重复 8 次复制 8 个形状 1 副本图层，并移动到相应位置，如图 2-49 和图 2-50 所示。

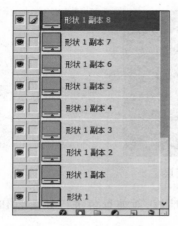

图 2-49　形状 1 副本图层面板

图 2-50　形状 1 副本图层

（14）选择"横排文字"工具 T ，输入"贰零壹柒农历丁酉年"，设置字体、字号及颜色

并移动到相应位置，如图 2-51 所示。

（15）选择"文件"→"打开"命令，打开素材库中"素材/第 2 章/制作春节贺卡/04.jpg"，如图 2-52 所示。

图 2-51　"字体"图层

图 2-52　"素材/第 2 章/制作春节贺卡/04.jpg"文件

（16）依次执行"选择"→"全选"命令、"编辑"→"拷贝"命令，在"制作春节贺卡.psd"文件中，选择"编辑"→"粘贴"命令。选择图层，右击，选择"图层属性"命令，在"名称"处输入"花纹"，如图 2-53 所示。调整"花纹"图层的位置到如图 2-54 所示位置。

图 2-53　"花纹"图层面板

图 2-54　"花纹"图层

（17）选择"文件"→"打开"命令，打开素材库中"素材/第 2 章/制作春节贺卡/05.jpg"，如图 2-55 所示。

（18）依次执行"选择"→"全选"命令、"编辑"→"拷贝"命令，在"制作春节贺卡.psd"文件中，选择"编辑"→"粘贴"命令。选择图层，右击，选择"图层属性"命令，在"名称"处输入"印"，如图 2-56 所示。调整"印"图层的位置到如图 2-57 所示位置。

图 2-55　"素材/第 2 章/制作春节贺卡/05.jpg"文件　　　　图 2-56　"印"图层面板

（19）选择"横排文字"工具 T，输入 SEASON'S GREETINGS，设置字体、字号及颜色，并移动到相应位置，如图 2-58 所示。

图 2-57　"印"图层　　　　　　　　图 2-58　SEASON'S GREETINGS 图层

（20）选择"横排文字"工具 T，分别输入 And Best Wishes For The New Year、"公元二〇一七年◎丁酉（鸡）年"，设置字体、字号及颜色，并移动到相应位置，如图 2-59 和图 2-60 所示。

图 2-59　And Best Wishes For The New Year 文字图层

图 2-60 "公元二〇一七年◎丁酉（鸡）年"文字图层

2.4.2 实训 2: 制作时尚插画

通过实训"制作时尚插画"，进一步熟悉"图层"→"新建"→"图层"命令、"编辑"→"定义图案"命令、"编辑"→"填充"命令以及"设置前景色""矩形选框"工具的使用方法，同时熟悉图层的应用。

制作时尚插画的步骤如下。

（1）选择"文件"→"新建"命令，打开如图 2-61 所示对话框，进行如图所示的设置，单击"确定"按钮，创建"制作时尚插画.psd"文件。

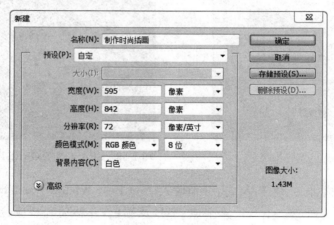

图 2-61 "新建"对话框 2

（2）新建图层，选择"设置前景色"工具■，打开"拾色器"对话框，对前景色进行如图 2-62 所示设置，单击"确定"按钮。

（3）执行"图层"→"新建"→"图层"命令，选择"椭圆"工具，在"图层 1"绘制圆形，位置如图 2-63 所示。

（4）使用"矩形选框"工具，选择"图层 1"的圆形，执行"编辑"→"定义图案"命令，打开"图案名称"对话框，设置名称为"图案填充 1"，如图 2-64 所示。

（5）选择图层面板的"创建新图层"按钮，在该图层右击，选择"图层属性"命令，在"名称"处输入"图案填充 1"，单击"确定"按钮，如图 2-65 所示。

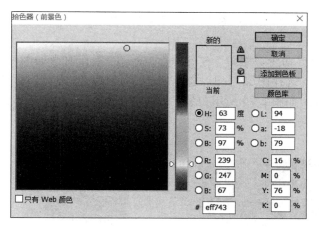

图 2-62　"拾色器"对话框 3

图 2-63　"图层 1"效果

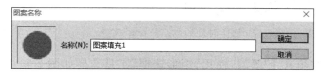

图 2-64　"图案名称"对话框

（6）执行"编辑"→"填充"命令，打开"填充"对话框，进行如图 2-66 所示设置，单击"确定"按钮，效果如图 2-67 所示。选择"图案填充 1"图层面板，设置不透明度为 30%，如图 2-68 所示。

图 2-65　"图案填充 1"图层面板

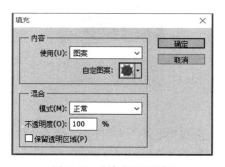

图 2-66　"填充"对话框

图 2-67　填充后图层效果

图 2-68　设置不透明度

（7）选择"文件"→"打开"命令，打开素材库中"素材/第 2 章/制作时尚插画/01.png"，如图 2-69 所示。

（8）依次执行"选择"→"全选"命令、"编辑"→"拷贝"命令，在"制作时尚插画.psd"文件中，选择"编辑"→"粘贴"命令。选择图层，右击，选择"图层属性"命令，在"名称"处输入"图形"，调整"图形"图层的位置到如图 2-70 所示位置。

图 2-69　"素材/第 2 章/制作时尚插画/01.png"文件　　　图 2-70　"图形"图层

（9）选择"图案填充 1"图层，使用"矩形选框"工具选择如图 2-71 所示矩形选区。

（10）执行"图层"→"图层蒙版"→"隐藏选区"命令，效果如图 2-72 所示。

图 2-71　矩形选区　　　　　图 2-72　图层蒙版效果

（11）选择"文件"→"打开"命令，打开素材库中"素材/第 2 章/制作时尚插画/02.png"，如图 2-73 所示。

（12）依次执行"选择"→"全选"命令、"编辑"→"拷贝"命令，在"制作时尚插画.psd"文件中，选择"编辑"→"粘贴"命令。选择图层，右击，选择"图层属性"命令，在"名称"处输入"文字"，调整"文字"图层的位置到如图 2-74 所示位置。

（13）选择"文件"→"打开"命令，打开素材库中"素材/第 2 章/制作时尚插画/03.png"，如图 2-75 所示。

（14）依次执行"选择"→"全选"命令、"编辑"→"拷贝"命令，在"制作时尚插画.psd"文件中，选择"编辑"→"粘贴"命令。选择图层，右击，选择"图层属性"命令，在"名称"处输入"人物"，调整"人物"图层的位置，最终效果如图 2-76 所示。

图 2-73　"素材/第 2 章/制作时尚插画/02.png"文件　　　图 2-74　"文字"图层

图 2-75　"素材/第 2 章/制作时尚插画/03.png"文件　　　图 2-76　"人物"图层

广 告 制 作

教学目标

- 掌握美食广告、购物广告、代金卡的制作方法。
- 熟练运用图层混合模式及不透明度的设定方法。
- 了解图层样式及创建新的填充或调整图层的方法。

　　广告通常张贴于城市各处的街道、影院、商业区、车站、公园等公共场所,主要起信息传递或公众宣传的作用。按照应用内容的不同,可以分为商业广告、电影广告、公益广告等。广告的特点在于尺寸大、远视强、内容范围广,具有一定的艺术性,所以在制作时要充分考虑通过色彩、构图、形式等要素所形成的强烈视觉效果,以及画面内容的新颖感、独特感,达到简单明了的传递目的。

3.1　图层样式的设置

　　在 Photoshop CS6 中,提供了 10 种样式供用户选择,用户可应用一个样式或多个样式来处理图像,并可将应用的样式复制粘贴到其他图层中,但不能在背景层中应用图层样式。

3.1.1　投影样式

　　投影样式可以为图像添加阴影效果,使图像产生立体感,执行"图层"→"图层样式"→"投影"命令,打开"图层样式"对话框中的"投影"选项,即可在该选项中进行投影的参数设置,如图 3-1 所示。

　　(1)"混合模式"下拉列表:用于设置投影与下方图层的混合模式。其右侧的颜色块可设置阴影的颜色。

　　(2)"不透明度"文本框:用于设置阴影的不透明度,数值为 0%～100%。

　　(3)"角度"文本框:用于设置阴影的角度,选择"全局光"选项,则所有图层都将使用

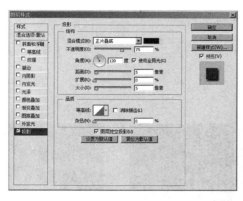

图 3-1　投影效果

相同的角度。

（4）"距离"文本框：用于设置图层与阴影的距离。

（5）"扩展"文本框：用于设置加粗阴影。

（6）"大小"文本框：用于设置阴影的柔化效果。数值越大，阴影边缘越柔和。

（7）"等高线"下拉列表：用于设置阴影的轮廓样式。选择"消除锯齿"选项，可消除阴影边缘的锯齿。

（8）"杂色"文本框：用于设置在透明度中添加"杂色"效果。

（9）"图层挖空投影"选项：勾选该选项，产生的投影将与图层分离。

3.1.2　内阴影样式

内阴影样式用于在图像内部边缘产生阴影，执行"图层"→"图层样式"→"内阴影"命令，即可在打开的"内阴影"选项中进行内阴影设置，如图 3-2 所示。其选项设置与"投影"选项设置基本相同。

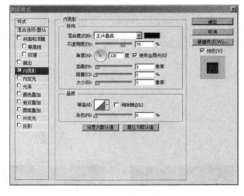

图 3-2　内阴影效果

3.1.3　外发光样式

外发光样式用于在图像边缘产生光晕效果，使图像更加醒目。执行"图层"→"图层样式"→"外发光"命令,即可打开"外发光"选项,如图 3-3 所示。

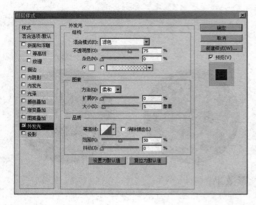

图 3-3 外发光效果

(1)"结构"选项区域:包括"混合模式""不透明度""杂色"以及"外发光颜色"的设置。

(2)"图素"选项区域:在该选项区域中,"方法"下拉列表用于设置边缘光晕的效果;"扩展"文本框用于设置外发光向外扩展的程度;"大小"文本框用于设置外发光的柔化效果。

(3)"品质"选项区域:在该选项区域中,"等高线"下拉列表中用于选择外发光的轮廓样式,"范围"文本框用于设置轮廓线的应用范围;"抖动"文本框用于设置光晕的随机倾斜度。

3.1.4 内发光样式

内发光样式用于在图像内部产生光晕效果,使图像亮度增加。执行"图层"→"图层样式"→"内发光"命令,即可打开"内发光"选项。

"内发光"与"外发光"设置基本相同,只是在"内发光"选项中多了"居中"和"边缘"两个选项。"居中"选项用于设置图像内部中心产生的光晕效果;"边缘"选项用于设置图像内部边缘产生的光晕效果,如图 3-4 所示。

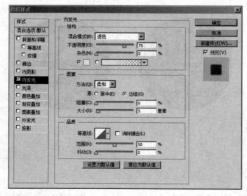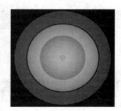

图 3-4 内发光效果

3.1.5 斜面和浮雕样式

执行"图层"→"图层样式"→"斜面和浮雕"命令,打开"斜面和浮雕"选项。斜面和浮雕样式用于制作图像的立体效果,如图 3-5 所示。

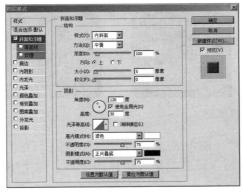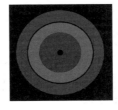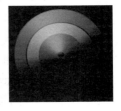

图 3-5　斜面和浮雕效果

(1)"样式"下拉列表:用于设置斜面和浮雕应用的样式类型,包括"内斜面""外斜面""浮雕效果""枕状浮雕"和"描边浮雕"5 种类型。

(2)"方法"下拉列表:用于设置斜面和浮雕产生的效果,包括"平滑""雕刻清晰"与"雕刻柔和"3 个选项。

(3)"深度"文本框:用于设置斜面和浮雕效果的深度。

(4)"方向"选项:"上"与"下"两个选项改变立体效果的光晕方向。

(5)"大小"文本框:用于设置斜面和浮雕效果产生的阴影影响范围。

(6)"软化"文本框:设置斜面和浮雕效果产生阴影的边缘柔化过渡。

(7)"角度"和"高度"文本框:用于设置光照的角度和高度。选择"全局光"则可以和其他样式保持相同的角度。

(8)"光泽等高线"下拉列表:用于设置斜面和浮雕的光照轮廓。

(9)"高光模式"下拉列表:用于设置斜面和浮雕亮部的混合模式,右侧颜色块可以设置亮部的颜色。

(10)"阴影模式"下拉列表:用于设置斜面和浮雕暗部的混合模式,右侧颜色块可以设置暗部的颜色。

(11)"不透明度"文本框:用于设置图像亮部与暗部的不透明度。

3.1.6 光泽样式

执行"图层"→"图层样式"→"光泽"命令,打开"光泽"选项。光泽样式用于降低图像的颜色差,使图像变得柔和,如图 3-6 所示。

(1)"混合模式"下拉列表:用于设置图像的叠加模式,右侧颜色块用于选择特效颜色。

(2)"不透明度"文本框:用于设置混合模式的不透明度。

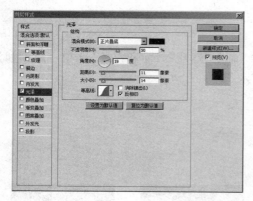

图3-6 光泽效果

（3）"角度"文本框：用于设置"光泽"效果产生的角度。

（4）"距离"与"大小"文本框："距离"选项用于设置光泽与图像的距离；"大小"选项用于设置光泽边缘的柔化效果。

（5）"等高线"下拉列表：用于设置光泽效果的轮廓变化。

3.1.7　叠加样式

叠加样式包括"颜色叠加""渐变叠加"和"图案叠加"。"颜色叠加"可以为图像添加单一色彩；"渐变叠加"可以为图像添加渐变色；"图案叠加"可以为图像添加图案。在"图层样式"对话框中可以对这3种叠加样式进行设置，叠加样式的选项设置与前面所介绍的选项设置方法基本相同，这里不再单独介绍。渐变叠加效果如图3-7所示。

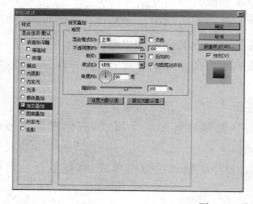

图3-7 渐变叠加效果

3.1.8　描边样式

描边样式功能用于为图像添加边框，执行"图层"→"图层样式"→"描边"命令，在打开的"描边"选项中，可以对描边效果进行设置，如图3-8所示。

（1）"大小"文本框：用于设置描边的大小粗细。

（2）"位置"下拉列表：用于设置描边的位置，包括"外部""内部"和"居中"3个选项。

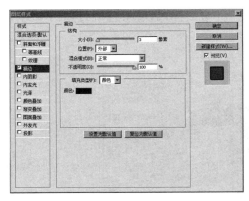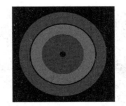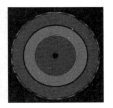

图 3-8 描边效果

（3）"混合模式"下拉列表：用于设置描边效果与图像的叠加样式。

（4）"不透明度"文本框：用于设置描边效果的不透明度。

（5）"填充类型"下拉列表：用于设置描边效果产生的方式，包括"颜色""渐变"和"图案"3 个选项。

3.2 实 训

通过实训"制作美食广告"，熟练运用"编辑"→"填充"命令、"选择"→"全选"命令、"图层"→"添加矢量蒙板"命令的使用方法，同时熟练使用"设置前景色""移动""椭圆""文字"等工具、图层混合模式及不透明度的使用方法，了解图层样式及创建新的填充或调整图层的方法。

3.2.1 实训 1：制作美食广告

制作美食广告的操作步骤如下所述。

（1）选择"文件"→"新建"命令，打开如图 3-9 所示对话框，进行如图所示的设置，单击"确定"按钮，创建"制作美食广告.psd"文件。

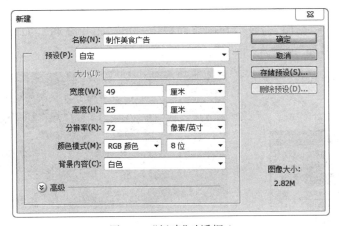

图 3-9 "新建"对话框 1

（2）选择"设置前景色"工具██，打开"拾色器"对话框，对前景色进行如图 3-10 所示设置，单击"确定"按钮。

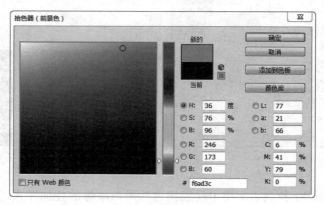

图 3-10 "拾色器"对话框 1

（3）选择"编辑"→"填充"命令，打开如图 3-11 所示对话框，单击"确定"按钮。

（4）选择"文件"→"打开"命令，打开素材库中"素材/第 3 章/制作美食广告/01.jpg"，如图 3-12 所示。

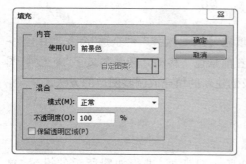

图 3-11 "填充"对话框

图 3-12 "素材/第 3 章/制作美食广告/01.jpg"文件

（5）依次执行"选择"→"全选"命令、"编辑"→"拷贝"命令，在"制作美食广告.psd"文件中，选择"编辑"→"粘贴"命令。在图层面板中，设置"正片叠底"，如图 3-13 所示。选择图层 1，双击，在"名称"处输入"底图"，结果如图 3-14 所示。

图 3-13 图层面板

图 3-14 "底图"图层

（6）选择"文件"→"打开"命令，打开素材库中"素材/第3章/制作美食广告/02. png"，如图3-15所示。

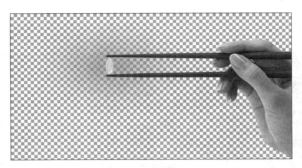

图3-15 "素材/第3章/制作美食广告/02. png"文件

（7）执行同第（5）步的操作，修改图层名称为"筷子"，结果如图3-16所示。

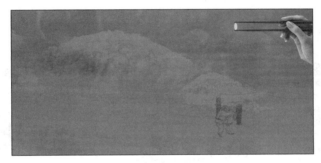

图3-16 "筷子"图层

（8）选择"设置前景色"工具■，打开"拾色器"对话框，对前景色进行如图3-17所示设置，单击"确定"按钮。

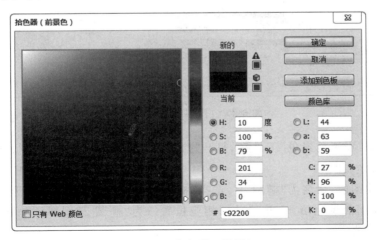

图3-17 "拾色器"对话框2

（9）新建图层，命名为"椭圆 1"，选择"椭圆选框"工具添加一个圆形选区，按 Alt＋Delete 组合键用前景色填充，并移动到相应位置，结果如图 3-18 所示。

（10）为"椭圆 1"图层添加图层蒙版并选择图层样式"内阴影"，如图 3-19 所示。参数设置如图 3-20 所示。

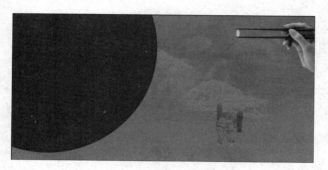

图 3-18　"椭圆 1"图层

图 3-19　设置"椭圆 1"图层

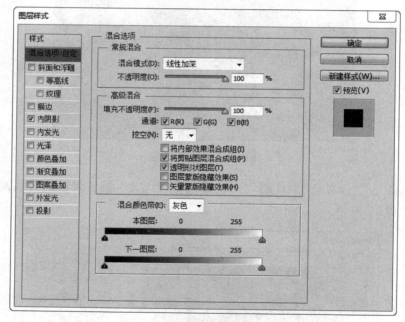

图 3-20　"图层样式"对话框 1

（11）选择"设置前景色"工具 ■，打开"拾色器"对话框，对前景色进行如图 3-21 所示设置，单击"确定"按钮。

（12）新建图层，命名为"椭圆 2"，选择"椭圆选框"工具添加一个圆形选区，按 Alt＋Delete 组合键用前景色填充，并移动到相应位置。为"椭圆 2"图层添加图层样式"内阴影"，如图 3-22 所示。

（13）选择"文件"→"打开"命令，打开素材库中"素材/第 3 章/制作美食广告/03.png"，如图 3-23 所示。

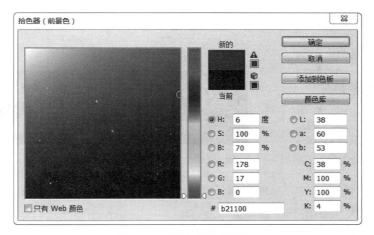

图 3-21 "拾色器"对话框 3

图 3-22 "椭圆 2"图层

（14）使用"移动"工具![移动工具图标]，把 03 文件拖动在"制作美食广告.psd"文件中，修改图层的名称为"墨迹 1"，调整"墨迹 1"图层到如图 3-24 所示位置。

图 3-23 "素材/第 3 章/制作美食
广告/03.png"文件

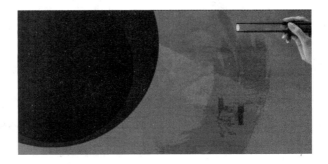

图 3-24 "墨迹 1"图层

（15）选择"墨迹 1"的图层混合模式为"叠加"，不透明度为 25％，如图 3-25 所示。

（16）选择"文件"→"打开"命令，打开素材库中"素材/第 3 章/制作美食广告/04.png"，如图 3-26 所示。使用"移动"工具![移动工具图标]，把 04 文件拖动在"制作美食广告.psd"文件中，修改图层的名称为"文案"，调整"文案"图层到如图 3-27 所示位置。

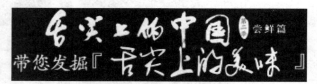

图 3-25　"墨迹 1"面板　　　　　　　图 3-26　"素材/第 3 章/制作美食广告/04.png"文件

　　（17）选择"椭圆"工具，前景色调为白色，绘制圆形，如图 3-28 所示。添加图层样式为外发光，参数设置如图 3-29 所示。

图 3-27　"文案"图层　　　　　　　　　　　　　图 3-28　圆形形状效果图

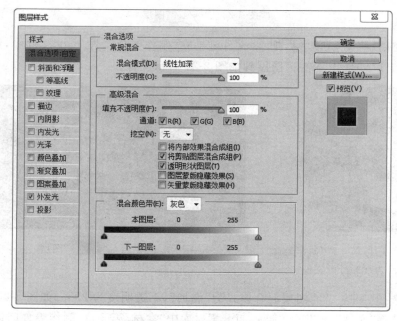

图 3-29　"图层样式"对话框 2

　　（18）载入当前图层"圆形形状"的选区，依次选择"文件"→"打开"命令，打开素材库中"素材/第 3 章/制作美食广告/05.png",如图 3-30 所示。

(19) 依次执行"选择"→"全选"命令、"编辑"→"拷贝"命令,在"制作美食广告.psd"文件中,选择"编辑"→"粘贴"命令,修改图层的名称为"美食",选择"移动"工具 ,调整图层位置。选择路径面板,将选区转化为路径,如图 3-31 所示。

图 3-30　"素材/第 3 章/制作美食广告/05.png"文件　　　　图 3-31　路径面板

(20) 选择"图层"→"添加矢量蒙版"→"当前路径"命令,结果如图 3-32 所示。

图 3-32　添加矢量蒙版后效果

(21) 选择"文件"→"打开"命令,打开素材库中"素材/第 3 章/制作美食广告/06.png",如图 3-33 所示。

图 3-33　"素材/第 3 章/制作美食广告/06.png"文件

(22) 依次执行"选择"→"全选"命令、"编辑"→"拷贝"命令,在"人物照片.psd"文件中,选择"编辑"→"粘贴"命令,修改图层的名称为"墨迹 2",选择"移动"工具,调整图层到如图 3-34 所示位置。

图 3-34　"墨迹 2"图层

（23）选择"文件"→"打开"命令，打开素材库中"素材/第 3 章/制作美食广告/07.jpg"，如图 3-35 所示。

图 3-35　"素材/第 3 章/制作美食广告/07.jpg"文件

（24）拖动"07.jpg"图片到"制作美食广告.psd"文件中，修改图层的名称为"水果"，选择"移动"工具，调整图层到合适位置，设置图层混合模式为"正片叠底"，不透明度为70%，如图 3-36 所示。

（25）选择"文字"工具 [T]，分别输入"茶树菇炖鸡汤""益气补血、提高免疫力"，设置字体、字号及颜色 T▾ |⌶ 黑体 ▾ |- ▾ |¶T 50点 ▾ |ªₐ 锐利 ▾ |≡≡≡ ■▾ |⬚▾ |🗐|，效果如图 3-37 所示。

图 3-36　"水果"图层

图 3-37　输入文字后的效果

（26）选择"文件"→"打开"命令，打开素材库中"素材/第 3 章/制作美食广告/08.png"，如图 3-38 所示。将其拖动到"制作美食广告.psd"文件中合适位置，修改图层的名称为"印章"。

（27）选择"文件"→"打开"命令，打开素材库中"素材/第 3 章/制作美食广告/09.png"，如图 3-39 所示。

图 3-38 "素材/第 3 章/制作美食广告/08.png"文件

图 3-39 "素材/第 3 章/制作美食广告/09.png"文件

（28）拖动图片到"制作美食广告.psd"文件中合适位置,修改图层的名称为"墨迹 3",效果如图 3-40 所示。

图 3-40 "印章"和"墨迹 3"图层

（29）选择"文件"→"打开"命令,打开素材库中"素材/第 3 章/制作美食广告/10.png",如图 3-41 所示。

图 3-41 "素材/第 3 章/制作美食广告/10.png"文件

（30）拖动 10.png 图片到"制作美食广告.psd"文件中合适位置,修改图层的名称为"美食图片"效果如图 3-42 所示。方法同第（25)步,分别输入文字"美食诱惑,优质好锅!""酸辣杂鸡饭"和 Hot and sour chicken giblets,效果如图 3-43 所示。

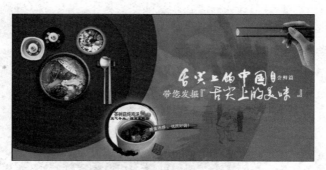

图 3-42 "美食图片"图层

图 3-43 添加文字后效果图

3.2.2 实训 2: 制作购物广告

通过实训"制作购物广告",熟练运用"选择"→"全选"命令、"图像"→"调整"→"色相/饱和度"命令的使用方法,同时熟练使用"移动""橡皮擦""设置前景色"等工具、图层混合模式及不透明度的使用方法。进一步了解图层样式及创建新的填充或调整图层的方法。

制作购物广告的操作步骤如下。

(1) 选择"文件"→"新建"命令,打开如图 3-44 所示对话框,进行如图所示的设置,单击"确定"按钮,创建"制作购物广告.psd"文件。

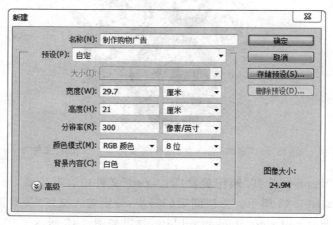

图 3-44 "新建"对话框 2

（2）选择"文件"→"打开"命令，打开素材库中"素材/第 3 章/制作购物广告/01.png"，依次执行"选择"→"全选"命令、"编辑"→"拷贝"命令，在"制作购物广告.psd"文件中，选择"编辑"→"粘贴"命令。选择图层 1，修改图层名称为"底图"，结果如图 3-45 所示。

（3）选择"文件"→"打开"命令，打开素材库中"素材/第 3 章/制作购物广告/02.png"，执行同第（2）步操作，修改图层名称为"城市"，结果如图 3-46 所示。

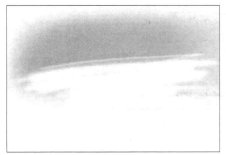

图 3-45　"底图"图层　　　　　　　　　图 3-46　"城市"图层

（4）选择"文件"→"打开"命令，打开素材库中"素材/第 3 章/制作购物广告/03.png"，如图 3-47 所示。

图 3-47　"素材/第 3 章/制作购物广告/03.png"文件

（5）执行同第（2）步操作，修改图层名称为 SALE，结果如图 3-48 所示。在图层面板创建新组"字母调色"，将 SALE 图层移入组中。

图 3-48　SALE 图层

（6）选择该图层，执行"图像"→"调整"→"色相/饱和度"命令，如图 3-49 所示。

（7）选择"设置前景色"工具■，打开"拾色器"对话框，将前景色设为黑色，按 Alt＋

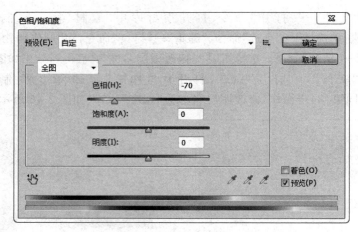

图 3-49　"色相/饱和度"对话框

Delete 组合键填充当前图层,选中"橡皮擦"工具,调整画笔大小,在字母 E 上涂抹。效果如图 3-50 所示。

（8）重复步骤（7）,分别处理字母 A 和 S,其图层面板如图 3-51 所示,效果如图 3-52 所示。

图 3-50　字母 E 处理后的效果

图 3-51　"字母调色"图层组

图 3-52　字母 A、S 处理后的效果

（9）选择"文件"→"打开"命令,打开素材库中"素材/第 3 章/制作购物广告/04.png",如图 3-53 所示。

（10）执行同第（2）步操作,修改图层名称为"礼物",并按住鼠标左键拖动"礼物"图层到图层面板新建按钮上松开,重复 2 次复制 2 个礼物副本图层,分别为"礼物副本 2""礼物副本 3"。在图层面板创建新组"礼物调色",将"礼物"图层及两个副本图层移入组中,如图 3-54 所示。

图 3-53　"素材/第 3 章/制作购物广告/04.png"文件　　　　图 3-54　"礼物调色"图层组

（11）单击"礼物副本 2"图层,选中该图层,按自由变换 Ctrl＋T 组合键,然后按住 Shift 键,拖动句柄,等比例变换大小,将鼠标放在右上角,按住鼠标左键拖动,转动方向。

（12）单击"礼物副本 3"图层,执行同第（11）步操作。

（13）改变"礼物副本 2"和"礼物副本 3"的颜色,步骤同第（6）、（7）步,效果如图 3-55 所示,图层面板如图 3-56 所示。

图 3-55　3 个"礼物"图层　　　　　　　　图 3-56　"礼物调色"调色后图层组

（14）选择"文件"→"打开"命令,打开素材库中"素材/第 3 章/制作购物广告/05.png",如图 3-57 所示。执行同第（2）步操作,修改图层名称为"礼物",效果如图 3-58

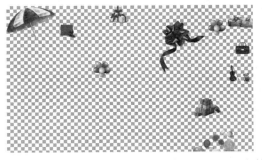

图 3-57　"素材/第 3 章/制作购物广告/05.png"文件

图 3-58 "礼物"图层

所示。

（15）选择"文件"→"打开"命令，打开素材库中"素材/第 3 章/制作购物广告/06. png"，如图 3-59 所示。执行同第（2）步操作，修改图层名称为"光"，并设置图层混合模式为"滤色"，图层面板如图 3-60 所示。

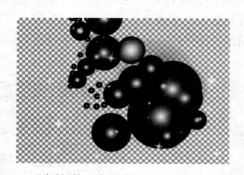

图 3-59 "素材/第 3 章/制作购物广告/06. png"文件

图 3-60 "光"图层面板

（16）选择"文件"→"打开"命令，打开素材库中"素材/第 3 章/制作购物广告/07. png"，如图 3-61 所示。执行同第（2）步操作，修改图层名称为"人物"，效果如图 3-62 所示。

图 3-61 "素材/第 3 章/制作购物广告/07. png"文件

图 3-62 "人物"图层

（17）选择"文件"→"打开"命令，打开素材库中"素材/第 3 章/制作购物广告/08. png"，如图 3-63 所示。执行同第（2）步操作，修改图层名称为"广告语"，效果如图 3-64

图 3-63 "素材/第 3 章/制作购物广告/08.png"文件

图 3-64 "广告语"图层

所示。

3.2.3 实训 3: 制作蛋糕代金卡

通过实训"制作蛋糕代金卡",进一步熟练运用"选择"→"全选"命令、"编辑"→"拷贝"命令、"编辑"→"粘贴"命令、"图层"→"矢量蒙版"命令、"图层"→"创建剪贴蒙版"命令的使用方法。同时熟练使用"移动""橡皮擦""钢笔""横排文字""设置前景色"等工具、图层混合模式及不透明度的使用方法。掌握图层样式及创建新的填充或调整图层的方法。

制作蛋糕代金卡的操作步骤如下。

(1) 选择"文件"→"新建"命令,打开如图 3-65 所示对话框,进行如图所示的设置,单击"确定"按钮,创建"制作蛋糕代金卡.psd"文件。

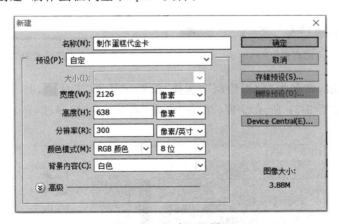

图 3-65 "新建"对话框 3

(2) 选择"文件"→"打开"命令,打开素材库中"素材/第 3 章/制作蛋糕代金卡/01.jpg",如图 3-66 所示。

(3) 依次执行"选择"→"全选"命令、"编辑"→"拷贝"命令,在"制作蛋糕代金卡.psd"文件中,选择"编辑"→"粘贴"命令。选择图层 1,修改图层名称为"背景素材",如图 3-67所示。选择"移动"工具,并移动到如图 3-68 所示位置。

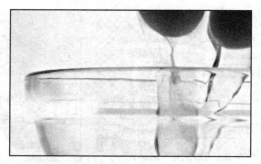

图 3-66 "素材/第 3 章/制作蛋糕代金卡/01.jpg"文件

图 3-67 "背景素材"图层面板

图 3-68 "背景素材"图层

（4）选择"橡皮擦"工具，进行如图 3-69 所示的设置，并在"背景素材"图层单击数次，效果如图 3-70 所示。

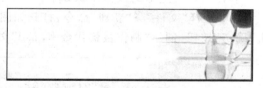

图 3-69 "橡皮擦"工具面板

图 3-70 "背景素材"擦除效果

（5）新建图层，命名为"钢笔绘制"，选择"设置前景色"工具■，打开"拾色器"对话框，对前景色进行如图 3-71 所示设置，单击"确定"按钮，按 Alt＋Delete 组合键填充当前图层。

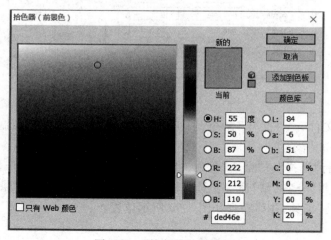

图 3-71 "拾色器"对话框 4

（6）选择"钢笔"工具，在"钢笔绘制"图层绘制如图 3-72 所示路径。

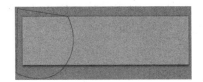

图 3-72 路径绘制效果

（7）执行"图层"→"矢量蒙版"→"当前路径"，效果如图 3-73 所示。

图 3-73 "矢量蒙版"效果

（8）选择"文件"→"打开"命令，打开素材库中"素材/第 3 章/制作蛋糕代金卡/02.jpg"，如图 3-74 所示。

图 3-74 "素材/第 3 章/制作蛋糕代金卡/02.jpg"文件

（9）依次执行"选择"→"全选"命令、"编辑"→"拷贝"命令，在"制作蛋糕代金卡.psd"文件中，选择"编辑"→"粘贴"命令。选择该图层，修改图层名称为"蛋糕"，如图 3-75 所示。

（10）执行"图层"→"创建剪贴蒙版"命令，效果如图 3-76 所示。

图 3-75 "蛋糕"图层面板

图 3-76 "蛋糕"图层效果

（11）选择"文件"→"打开"命令，打开素材库中"素材/第 3 章/制作蛋糕代金卡/03.png"，如图 3-77 所示。

（12）依次执行"选择"→"全选"命令、"编辑"→"拷贝"命令，在"制作蛋糕代金卡.psd"文件中，选择"编辑"→"粘贴"命令。选择图层1，修改图层名称为"弧线"。选择"移动"工具，并移动到如图3-78所示位置。

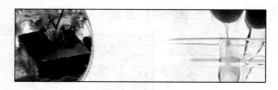

图3-77　"素材/第3章/制作蛋糕　　　　　　　图3-78　"弧线"图层
　　　　代金卡/03.png"文件

（13）选择"文件"→"打开"命令，打开素材库中"素材/第3章/制作蛋糕代金卡/04.png"，如图3-79所示。

（14）依次执行"选择"→"全选"命令、"编辑"→"拷贝"命令，在"制作蛋糕代金卡.psd"文件中，选择"编辑"→"粘贴"命令。选择图层1，修改图层名称为"代金券"。选择"移动"工具，并移动到如图3-80所示位置。

图3-79　"素材/第3章/制作蛋糕　　　　　　　图3-80　"代金券"图层
　　　　代金卡/04.png"文件

（15）双击"代金券"图层面板，弹出如图3-81所示的"图层样式"对话框，设置"投影"样式。

（16）选择"横排文字"工具，设置字体颜色，在如图3-82所示位置输入"饼干·蛋糕·巧克力"字样。

（17）选择"文件"→"打开"命令，打开素材库中"素材/第3章/制作蛋糕代金卡/05.png"，如图3-83所示。

（18）依次执行"选择"→"全选"命令、"编辑"→"拷贝"命令，在"制作蛋糕代金卡.psd"文件中，选择"编辑"→"粘贴"命令。选择图层1，修改图层名称为"面包素材"。选择"移动"工具，并移动到如图3-84所示位置。

（19）选择"文件"→"打开"命令，打开素材库中"素材/第3章/制作蛋糕代金卡/06.png"，如图3-85所示。

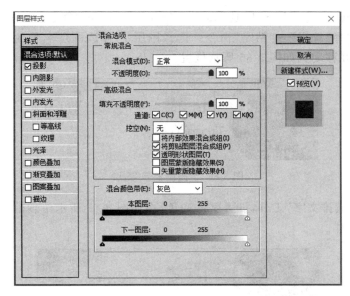

图 3-81 "图层样式"对话框

图 3-82 "文字"图层

图 3-83 "素材/第 3 章/制作蛋糕代金卡/05.png"文件

图 3-84 "面包素材"图层

图 3-85 "素材/第 3 章/制作蛋糕代金卡/06.png"文件

（20）依次执行"选择"→"全选"命令、"编辑"→"拷贝"命令,在"制作蛋糕代金卡
.psd"文件中,选择"编辑"→"粘贴"命令。选择图层 1,修改图层名称为"提拉米苏"。选
择"移动"工具,并移动到如图 3-86 所示位置。

图 3-86　"提拉米苏"图层

（21）选择"横排文字"工具,设置字体颜色,在如图 3-87 所示位置输入"'带我走',带
走爱和幸福!"字样。

图 3-87　"带我走……"文字图层

（22）执行同第（21）步操作,在如图 3-88 所示位置分别输入"提拉米苏（Tiramisu）用
优质的芝士和香浓的咖啡味蛋糕制成,芝士的香滑与稍微苦涩的咖啡蛋糕味"和"有效
期　年　月　日止"字样。

图 3-88　"提拉米苏……"等文字图层

（23）选择"文件"→"打开"命令,打开素材库中"素材/第 3 章/制作蛋糕代金卡/
07.png",如图 3-89 所示。

图 3-89　"素材/第 3 章/制作蛋糕代金卡/07.png"文件

（24）依次执行"选择"→"全选"命令、"编辑"→"拷贝"命令,在"制作蛋糕代金卡.psd"文件中,选择"编辑"→"粘贴"命令。选择图层1,修改图层名称为"7折"。选择"移动"工具,并移动到如图3-90所示位置,最终效果如图3-90所示。

图3-90 最终效果图

第 **4** 章 ————————————————— **Chapter 4**

照 片 处 理

- 掌握人物照片、证件照的制作方法。
- 掌握图层变换的方法。

4.1　图层的变换

　　人物照片、证件照是日常生活中常常会用到的图片形式,如空间图片、影集等。由于
设备和环境的不理想以及个性化特征,拍出的照片总是不能满
足要求,这时对日常图片的基本处理和艺术化处理就显得尤为
重要。构图的美观、色调的统一以及画面的风格感觉都是影响
一张图片好坏的重要因素。因此,要通过运用色调处理、图片合
成、画面剪裁构图等手段让照片达到最佳状态。

　　执行 Photoshop 中的"编辑"→"变换"下的子菜单命令,可
对图层中的图像进行缩放、旋转、斜切、扭曲、透视等操作,如
图 4-1 所示。

4.1.1　缩放

　　选择需要变换的图层,执行"编辑"→"变换"→"缩放"命令,
此时在图像四周将出现一个控制框,将光标移动到 4 个角的任
意一个控制点上,按住 Shift 键的同时拖动,即可将图像按比例进行缩放;拖动居中的控
制点,可单独调整选区的高度或宽度,如图 4-2 所示,将图像缩放到适当的大小后,按
Enter 键即可完成变换操作。

图 4-1　图层的变换命
令子菜单

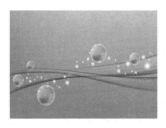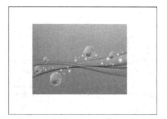

图 4-2 缩放图像

4.1.2 旋转

执行"编辑"→"变换"→"旋转"命令,将光标移动到控制框外拖动,即可对图像进行旋转,如图 4-3 所示。

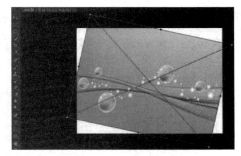

图 4-3 旋转图像

4.1.3 斜切

执行"编辑"→"变换"→"斜切"命令,将光标移动到任意一个控制点上拖动,即可对图像进行水平或垂直方向的斜切,如图 4-4 所示。

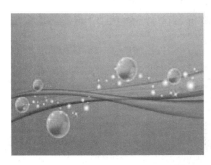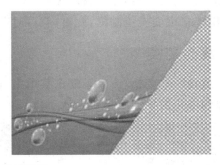

图 4-4 斜切图像

4.1.4 扭曲

执行"编辑"→"变换"→"扭曲"命令,将光标移动到 4 个角的任意一个控制点上拖动,即可对图像进行不同方向上的扭曲,如图 4-5 所示。

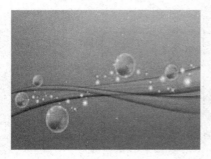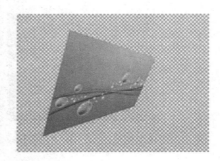

图 4-5　图像的扭曲效果

4.1.5　透视

执行"编辑"→"变换"→"透视"命令,将光标移动到 4 个角的任意一个控制点上拖动,即可对图像进行透视的变换处理,如图 4-6 所示。

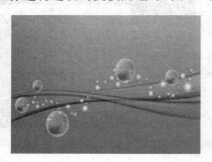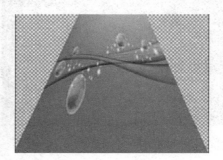

图 4-6　图像的透视效果

4.1.6　自由变换

选取需要变换的图层,执行"编辑"→"自由变换"命令或按下 Ctrl＋T 组合键,在图像四周将出现自由变换控制框,此时,就可对图像进行缩放、旋转、扭曲、斜切等操作。

4.1.7　其他变换

在"编辑"→"变换"命令下的子菜单中,还有其他旋转和翻转命令,分别执行其他命令后,图像的变化效果如图 4-7 所示。

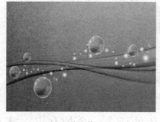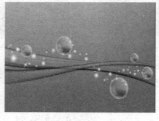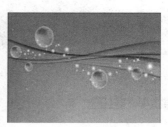

(a) 原图像　　　　　　　　　(b) 水平翻转　　　　　　　　　(c) 垂直翻转

图 4-7　其他的变换效果

4.2 实 训

4.2.1 实训1：制作人物照片

通过实训"制作人物照片"，熟练运用"编辑"→"填充"命令、"编辑"→"变换"命令、"选择"→"全选"命令、"图层"→"添加图层蒙版"命令的使用方法；同时熟练使用"矩形选框""移动""橡皮擦""横排文字""设置前景色"等工具以及图层面板的使用方法。

制作人物照片的操作步骤如下所述。

（1）选择"文件"→"新建"命令，打开如图4-8所示对话框，进行如图所示的设置，单击"确定"按钮，创建"制作人物照片.psd"文件。

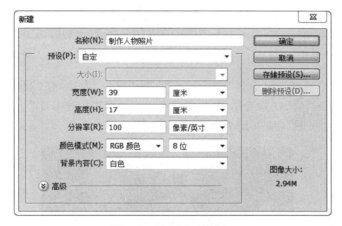

图4-8 "新建"对话框1

（2）选择"设置前景色"工具■，打开"拾色器"对话框，对前景色进行如图4-9所示设置，单击"确定"按钮。

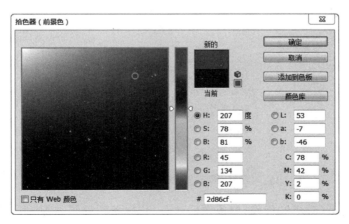

图4-9 "拾色器"对话框1

（3）选择"编辑"→"填充"命令，打开如图 4-10 所示的"填充"对话框，设置完毕，单击"确定"按钮。

（4）选择"文件"→"打开"命令，打开素材库中"素材/第 4 章/制作人物照片/01.png"，如图 4-11 所示。

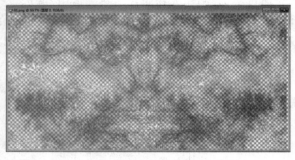

图 4-10 "填充"对话框   图 4-11 "素材/第 4 章/制作人物照片/01.png"图片

（5）依次执行"选择"→"全选"命令、"编辑"→"拷贝"命令，在"制作人物照片.psd"文件中，选择"编辑"→"粘贴"命令。在图层面板中，设置"不透明度"为 10%。选择"图层 1"，设置"名称"为"底图"，结果如图 4-12 所示。

图 4-12 "底图"图层

（6）选择"文件"→"打开"命令，打开素材库中"素材/第 4 章/制作人物照片/02.png"，如图 4-13 所示。

图 4-13 "素材/第 4 章/制作人物照片/02.png"图片

（7）执行同第（5）步的操作，修改图层名称为"线条"，结果如图 4-14 所示。

（8）选择"文件"→"打开"命令，打开素材库中"素材/第 4 章/制作人物照片/03.png"，如图 4-15 所示。

图 4-14　"线条"图层

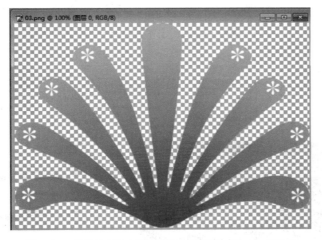

图 4-15　"素材/第 4 章/制作人物照片/03.png"图片

（9）执行同第（5）步的操作，在图层面板中修改图层的名称为"花纹 1"，设置"不透明度"为 72％，结果如图 4-16 所示。

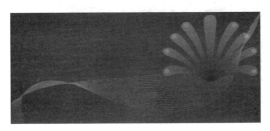

图 4-16　"花纹 1"图层

（10）选择"文件"→"打开"命令，打开素材库中"素材/第 4 章/制作人物照片/04.jpg"，如图 4-17 所示。

（11）依次执行"选择"→"全选"命令、"编辑"→"拷贝"命令，在"制作人物照片.psd"文件中，选择"编辑"→"粘贴"命令，修改图层的名称为"人物 1"，设置"不透明度"为 30％。选择"移动"工具 ，调整"人物 1"图层到如图 4-18 所示位置。

（12）选择"橡皮擦"工具 ，设置画笔属性如图 4-19 所示。把"人物 1"图层的边缘擦除，结果如图 4-20 所示。

图 4-17 "素材/第 4 章/制作人物照片/04.jpg"图片

图 4-18 "人物 1"图层

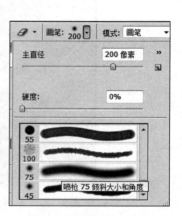

图 4-19 "画笔"属性设置

图 4-20 "橡皮擦"工具修改后效果

（13）选择"文件"→"打开"命令，打开素材库中"素材/第 4 章/制作人物照片/05.png"，如图 4-21 所示。

（14）依次执行"选择"→"全选"命令、"编辑"→"拷贝"命令，在"制作人物照片.psd"文件中，选择"编辑"→"粘贴"命令，修改图层的名称为"人物 2"。选择"移动"工具，调整"人物"图层到如图 4-22 所示位置。

（15）右击"人物 2"图层面板，在弹出的菜单中选择"混合选项"命令，如图 4-23 所示。在打开的"图层样式"对话框中进行设置，如图 4-24 所示。

图 4-21　"素材/第 4 章/制作人物照片/05. png"图片

图 4-22　"人物 2"图层

图 4-23　"混合选项"命令

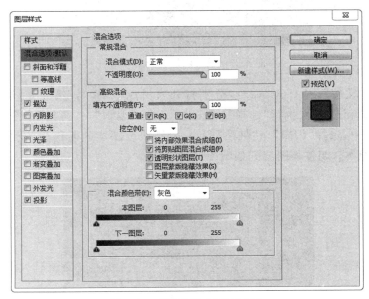

图 4-24　"图层样式"对话框 1

（16）单击"图层样式"中的"描边"选项，进行如图 4-25 所示设置。单击"确定"按钮，效果如图 4-26 所示。

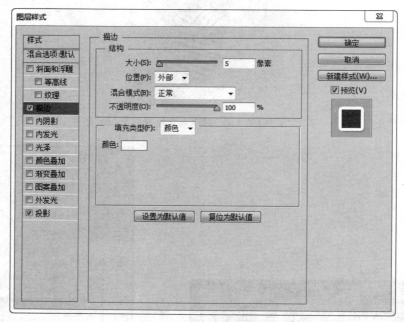

图 4-25　"描边"选项设置

图 4-26　设置图层样式后效果

（17）选择"文件"→"打开"命令，分别打开素材库中"素材/第 4 章/制作人物照片/06.png 和 07.png"。依次执行"选择"→"全选"命令、"编辑"→"拷贝"命令，在"制作人物照片.psd"文件中，选择"编辑"→"粘贴"命令，分别修改图层的名称为"花纹 2""花纹 3"。选择"移动"工具 ，调整各图层到如图 4-27 所示位置。

图 4-27　添加"花纹 2""花纹 3"图层后效果

(18) 选择"文件"→"打开"命令,打开素材库中"素材/第 4 章/制作人物照片/08.jpg"。依次执行"选择"→"全选"命令、"编辑"→"拷贝"命令,在"制作人物照片.psd"文件中,选择"编辑"→"粘贴"命令,修改图层的名称为"人物 3"。选择"移动"工具,调整图层到如图 4-28 所示位置。

图 4-28 添加"人物 3"图层后效果

(19) 打开"人物 3"的"图层样式"对话框进行"斜面和浮雕"效果设置,如图 4-29 所示,效果如图 4-30 所示。

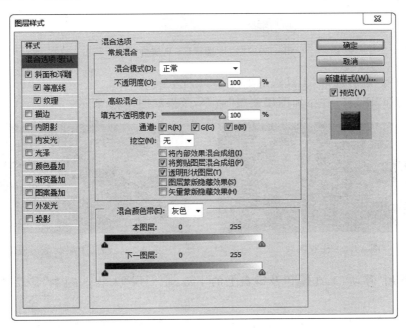

图 4-29 "图层样式"对话框 2

图 4-30 "斜面和浮雕"效果

（20）在图层面板中选择图层"人物3"，右击，在弹出的菜单中选择"复制图层"，如图4-31所示，创建的图层名称为"人物3副本"。

（21）执行"编辑"→"变换"→"垂直翻转"命令，效果如图4-32所示。

图4-31　"复制图层"命令　　　　　　　图4-32　垂直翻转效果图

（22）选择"矩形选框"工具，在其属性面板中进行如图4-33所示设置。

图4-33　"矩形选框"工具属性设置

（23）使用"矩形选框"工具选取如图4-34所示区域。

（24）选择"图层"→"添加图层蒙版"命令，效果如图4-35所示。

图4-34　选取区域　　　　　　　　　图4-35　添加图层蒙版后效果图

（25）使用"移动"工具以及键盘上的↓键，把图层"人物3副本"移动到如图4-36所示位置。

（26）重复第（19）～（25）步的操作，得到素材库中"素材/第4章/制作人物照片"文件夹内09.jpg和10.jpg图片在"个人照片.psd"中的效果，如图4-37所示。

图4-36　移动"人物3副本"图层　　　　图4-37　09.jpg和10.jpg图片效果

（27）使用"横排文字"工具 **T**，分别输入 GIRL、Movement、vitality，效果如图 4-38 所示。

（28）把素材库中"素材/第 4 章/制作人物照片/11.png"放到如图 4-39 所示位置，修改图层名称为"蝴蝶"。

图 4-38　添加文字效果图

图 4-39　添加蝴蝶效果图

（29）新建一个名称为"白色边缘"的图层，填充白色前景色。对"橡皮擦"工具 进行设置，如图 4-40 所示。

（30）使用"橡皮擦"工具对图层"白色边缘"进行设置，效果如图 4-41 所示。

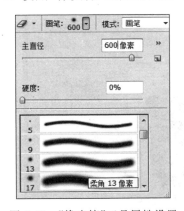

图 4-40　"橡皮擦"工具属性设置

图 4-41　擦除效果图

4.2.2　实训 2：制作证件照

通过实训"制作证件照"，熟练运用"编辑"→"填充"命令、"编辑"→"定义图案"命令、"选择"→"色彩范围"命令、"选择"→"修改"→"羽化"命令、"图像"→"画布大小"命令的使用方法。同时熟练使用"裁剪""多边形套索""图案图章""设置前景色"等工具以及图层面板的使用方法。

制作证件照的操作步骤如下所述。

（1）启动 Adobe Photoshop CS6，打开素材库中的"素材/第 4 章/制作证件照/白领.jpg"图片，如图 4-42 所示。选择工具箱中的"裁剪"工具 ，在其选项栏中，设置宽度

图 4-42　"素材/第 4 章/制作证件照/白领.jpg"图片

为"2.5厘米",高度为"3.5厘米",分辨率为"300像素/英寸",如图4-43所示。对图片裁剪保留头像部分,如图4-44所示,选择"文件"→"存储为"命令,重命名为"证件照.psd"文件。

| 宽度: 2.5 厘米 | 高度: 3.5 厘米 | 分辨率: 300 | 像素/英寸 ▼ |

图 4-43 "裁剪"工具属性设置

　　(2)选择"选择"→"色彩范围"命令,打开"色彩范围"对话框,如图4-45所示,设置颜色容差为"25",将背景选中,单击"确定"按钮。选择"多边形套索"工具,在选项栏中选择"添加到选区"按钮,将背景中还需要选取的区域加到选区中,同时利用"从选区中减去"按钮,将额头等处的选区减选,效果如图4-46所示。选择"前景色"工具,打开"拾色器"对话框,进行如图4-47所示的设置,把前景色设置为蓝色,选择"编辑"→"填充"命令,填充选区颜色为前景色,填充后效果如图4-48所示。为了达到更好的填充效果,可以先选择"选择"→"羽化"命令,将选区羽化后填充。

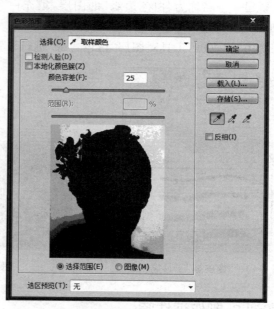

图 4-44 裁剪后效果　　　　　　图 4-45 吸取图片背景色彩范围

图 4-46 使用"添加到选区"按钮增加选区后

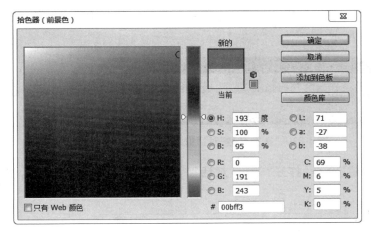

图 4-47 "拾色器"对话框 2 　　　　图 4-48 填充图片背景

（3）选择"图像"→"画布大小"命令，打开"画布大小"对话框，进行如图 4-49 所示的设置，效果如图 4-50 所示。

图 4-49 "画布大小"对话框 　　　　图 4-50 扩展画布后

（4）选择"图层"→"复制图层"命令，复制得到新的图层"图层 1"，在图层面板中，设置该图层混合模式为"柔光"，如图 4-51 所示，效果如图 4-52 所示。

图 4-51 复制图层并设置柔光 　　　　图 4-52 设置柔光后效果

（5）选择"编辑"→"定义图案"命令，打开"图案名称"对话框，设置名称为"证件照"，单击"确定"按钮，如图 4-53 所示。

图 4-53　"图案名称"对话框

（6）选择"文件"→"新建"命令，打开"新建"对话框，进行如图 4-54 所示设置，创建"制作证件照 1.psd"文件。

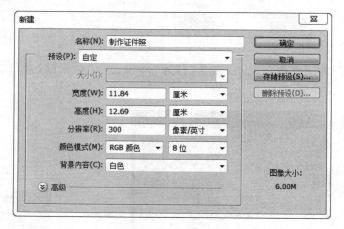

图 4-54　"新建"对话框 2

（7）选择"图案图章"工具，在其属性栏中进行如图 4-55 所示设置，效果如图 4-56 所示。

图 4-55　"图案图章"工具

图 4-56　最终效果图

4.2.3 实训 3: 制作大头贴

通过实训"制作大头贴",熟练运用"图层"→"创建剪贴蒙版"命令以及"设置前景色" "横排文字""移动"等工具和图层面板的使用方法。

(1)选择"文件"→"打开"命令,打开素材库中"素材/第 4 章/制作大头贴/01.jpg", 如图 4-57 所示。

图 4-57 "素材/第 4 章/制作大头贴/01.jpg"文件

(2)新建图层,命名为"图形"。选择"前景色"工具,打开"拾色器"对话框,进行如图 4-58 所示的设置,把前景色设置为白色。

(3)选择"矩形"工具,在"图形"图层如图 4-59 所示位置绘制图形。

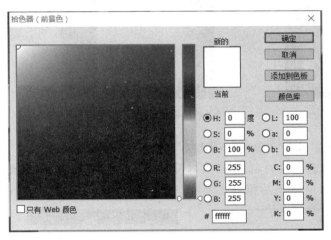

图 4-58 "拾色器"对话框 3

图 4-59 "图形"图层

(4)双击"图形"图层面板,弹出如图 4-60 所示"图层样式"对话框,设置"投影"样式。

(5)单击"确定"按钮,"图形"图层效果如图 4-61 所示。

(6)在图层面板选择"图形"图层,按住鼠标左键拖动到"创建新图层"按钮,复制新图层,命名为"方形",并使用"移动"工具移动"方形"图层到图 4-62 所示位置。

(7)选择"文件"→"打开"命令,打开素材库中"素材/第 4 章/制作大头贴/02.jpg", 如图 4-63 所示。

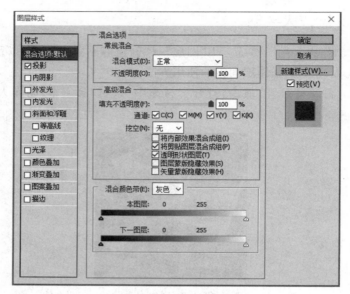

图 4-60 "图层样式"对话框 3

图 4-61 "图形"图层阴影效果

图 4-62 "方形"图层效果

（8）依次执行"选择"→"全选"命令、"编辑"→"拷贝"命令，在"制作大头贴.psd"文件中，选择"编辑"→"粘贴"命令，修改图层的名称为"人物"。按住 Ctrl＋T 组合键，调整"人物"图层大小，并调整图层到如图 4-64 所示位置。

图 4-63 "素材/第 4 章/制作大头贴/02.jpg"文件

图 4-64 "人物"图层效果

（9）执行"图层"→"创建剪贴蒙版"命令,效果如图 4-65 所示。

（10）选择"横排文字"工具,设置字体颜色,在如图 4-66 所示位置输入"2017.10.5 海洋之心"字样,最终效果如图 4-66 所示。

图 4-65 "人物"图层使用剪贴蒙版效果　　　　图 4-66 最终效果

第 **5** 章 ———————————————————— **Chapter 5**

产品包装设计

 **教学目标**

- 能运用图层混合模式对上、下图层效果进行叠加、混合。
- 掌握通道的应用方法。

　　产品包装设计是指选用合适的包装材料，针对产品本身的特性及使用者的喜好等相关因素，运用巧妙的工艺手段为产品进行包装的美化装饰设计。

5.1　通道的应用

　　通道是 Photoshop 中每个打开的图像文件的基础。当在 Photoshop 中打开一幅图像时，在屏幕上看到的是合成后的图像，即各个颜色通道所组合成的模拟的全色图像。

　　绘图、颜色校正或图像处理会影响每个通道。用户也可以单独调整某个通道。

　　通道主要的作用是用于存储颜色信息，每一个图层都有独立的颜色通道，相同的图像在不同的色彩模式中，通道的显示也不同，在如图 5-1 所示的图像中，左方为 RGB 色彩模式下的通道面板，右方为 CMYK 模式下的通道面板。

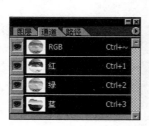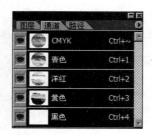

图 5-1　不同色彩模式下的通道面板

　　在一般的情况下，通道包括 3 种类型，分别为内建通道、Alpha 通道及专色通道。

（1）内建通道：指色彩模式固有的通道，主要用于保存图像的色彩信息。在不同的色彩模式下通道的显示也不同。灰度模式只有一个通道，主要表现由黑色到白色的256个色阶的变化；RGB模式由红色（R）、绿色（G）和蓝色（B）3个原色通道及一个复合通道组成；CMYK模式由青色（C）、洋红（M）、黄色（Y）和黑色（K）4个原色通道及一个复合通道组成；Lab模式由一个复合通道、一个明度通道和a、b两个通道组成。在通道面板中新建的通道具有与图像文件相同的尺寸与像素信息，因此通道的数量也将影响图像文件的大小。

（2）Alpha通道：该通道是用户创建的通道，不仅可以保存颜色信息，而且可以建立选区并存储选区。Photoshop CS6在保存图像时，以支持图像颜色模式的文件格式（如PSD、PDF、PICT、TIFF等格式）存储图像文件，才能保留Alpha通道。

（3）专色通道：专色通道在印刷时将使用特殊混合的油墨，附加到图像的CMYK油墨中，出片时单独输出。

5.1.1　新通道的创建

新通道一般是指Alpha通道。在Alpha通道中，可以使用画笔和编辑工具添加蒙版。单击通道面板右侧的按钮，在弹出的菜单中选择"新通道"命令，打开"新建通道"对话框，如图5-2所示，单击对话框中的"确定"按钮，或单击通道面板中的"创建新通道"按钮，即可在通道面板中创建一个Alpha通道，如图5-3所示。

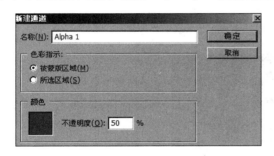

图5-2　"新建通道"对话框

图5-3　新建的Alpha通道

（1）"名称"文本框：用于输入新建Alpha通道的名称。

（2）"色彩指示"选项区域：用于设置Alpha通道所显示的颜色。选择"被蒙版区域"选项，则通道中的黑色代表蒙版，白色代表选区；选择"所选区域"选项，则通道中的白色代表蒙版，黑色代表选区。

（3）"颜色"选项区域：用于设置Alpha通道的颜色和不透明度。在此设定的颜色和不透明度只用于区分通道的蒙版与非蒙版区，对图像本身没有影响。

5.1.2　复制与删除通道

在同一图像中进行通道的复制时，只需要将选中的通道拖动到"创建新通道"按钮上即可；如果要将通道复制到其他图像中，可以将选中的通道拖动到其他图像中，或者单击通道面板右上角的按钮，在弹出的菜单中选择"复制通道"命令，打开"复制通道"对话框,如图 5-4 所示,然后单击"确定"按钮即可。

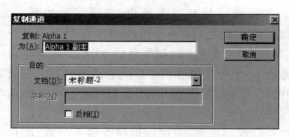

图 5-4 "复制通道"对话框

在"文档"下拉列表(只显示与原图像的分辨率及尺寸大小相同的文件)中可选择存放通道的图像文件。如果选择"新建"选项,则将通道复制到新建的文件中;选择"反相"选项,则复制后的通道颜色将反相显示。

删除图像中不需要的通道可以减少图像文件的大小,提高处理图像的速度。将选中的通道直接拖动到"删除当前通道"按钮上即可删除该通道。

5.1.3 分离通道

使用"分离通道"命令可以将图像中的每个通道分离为独立的灰度图像文件,每个分离出来的图像文件都可以单独进行编辑与保存(只能分离拼合的图像)。在通道面板的弹出式菜单中选择"分离通道"命令,如图 5-5 所示,即可对图像通道进行分离操作,分离后的效果如图 5-6 所示。

图 5-5 执行"分离通道"命令

图 5-6 分离出来的灰度图像

5.1.4　合并通道

使用"合并通道"命令可以将多个灰度图像合并为一个混合图像,用于合并的灰度图像必须保持分辨率与尺寸大小相同,否则不能进行合并操作。操作步骤如下。

(1) 打开需要合并的灰度图像,在通道面板的弹出式菜单中,选择"合并通道"命令,打开"合并通道"对话框。

(2) 在该对话框中,可以设置合并通道的数量与色彩模式,如图 5-7 所示。模式选择"多通道",单击"确定"按钮,将打开如图 5-8 所示的"合并 RGB 通道"对话框。

图 5-7　"合并通道"对话框

(3) 在该对话框中,可为通道指定图像文件,然后单击"确定"按钮,即可得到如图 5-9 所示的通道合并效果。

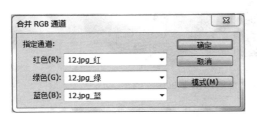

图 5-8　"合并 RGB 通道"对话框　　　　图 5-9　合并通道后的图像效果

5.1.5　将通道作为选区载入

在通道面板中,单击 RGB 色彩模式下的"红"通道,使该通道处于单独的选取状态;单击通道面板下方的"将通道作为选区载入"按钮,将红色通道作为选区载入图像中,如图 5-10 所示。

图 5-10　将红色通道作为选区载入

执行"图像"→"调整"→"曲线"命令,打开"曲线"对话框,在该对话框中,将网格中的对角线向上拖动到适当位置来调亮红色通道中选区内的图像,按下"确定"按钮,效果如图 5-11 所示；单击通道面板中的 RGB 通道，使图像回到 RGB 模式下，效果如图 5-12 所示。

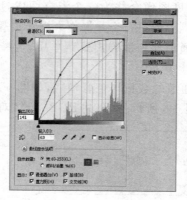

图 5-11　调整红色通道选区中的图像色调

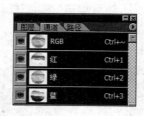

图 5-12　调整后的图像色调

5.1.6　将选区存储为通道

打开一幅如图 5-13 所示的图像文件，使用"磁性套索工具"选取其中凉鞋的外部轮廓，如图 5-14 所示。

单击通道面板中的"将选区存储为通道"按钮，即可将选区存储为通道，此时，在通道面板中将生成一个 Alpha 通道，如图 5-15 所示。

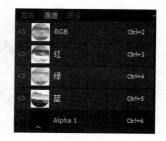

图 5-13　打开的图　　　图 5-14　创建凉鞋的　　　图 5-15　存储选区后的
像文件　　　　　　　外形选区　　　　　　　Alpha 通道

5.1.7 "应用图像"命令

"应用图像"命令用于对目前图像中的一个或多个通道进行运算,并将计算结果应用到目标图像中,形成图像合成效果。用于进行合成的两个或多个图像,其大小及色彩模式必须保持一致。

执行"图像"→"应用图像"命令,打开"应用图像"对话框,如图 5-16 所示。

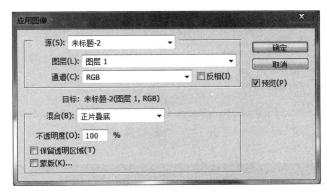

图 5-16 "应用图像"对话框

(1)"源"下拉列表:用于选择需要进行合成效果的图像文件。

(2)"图层"下拉列表:用于选择图像中用于合成的图层,如果图像中只有"背景"图层,则在下拉列表中只显示"背景"选项;如果图像中有多个图层,则在下拉列表中除了图层选项外,还有一个"合并图层"选项,选择此项,则表示选定图像文件中所有的图层。

(3)"通道"下拉列表:用于选择应用图像的通道。勾选其后的"反相"选项,可使通道的内容在运算前反转。

(4)"混合"下拉列表:用于选择进行运算的合成模式。

(5)"不透明度"文本框:用于设置运算结果对图像文件的影响度。

(6)"蒙版"选项:选择该选项时,在"应用图像"对话框的下方,会增加 3 个下拉列表和一个"反相"选项,并可以从中再选择一个图层或通道作为蒙版来混合图像,如图 5-17所示。

5.1.8 "计算"命令

使用"计算"命令可以将一个图像或多个图像中的两个独立通道进行混合,并将计算后的结果保存到一个新图像或新通道中,或者直接将计算结果转换成选区,保存的计算结果在以后的图像处理中可以直接使用。但是,"计算"命令只能用于单一的通道,不能用于复合通道。使用"计算"命令时,各图像的分辨率、尺寸大小与色彩模式必须相同。

执行"图像"→"计算"命令,打开"计算"对话框,如图 5-18 所示。

"源 1""源 2"和"混合"选项区域中的选项与"应用图像"对话框中的选项功能基本相同。

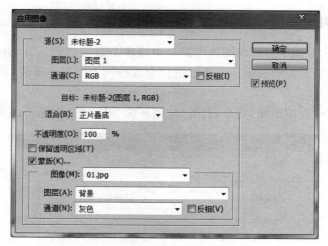

图 5-17 "蒙版"选项

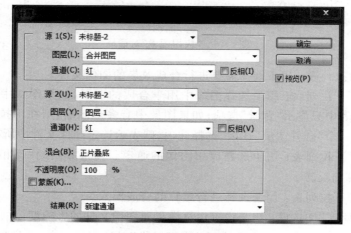

图 5-18 "计算"对话框

"结果"下拉列表：用于选择计算结果保存的位置。有"新建文档""新建通道"及"选区"3 个选项。

5.2 专色通道的应用

专色是指在印刷过程中除了 CMYK 色彩模式之外的特殊混合油墨，在出片时可以单独输出；专色也可以与其他通道合并，出片时不再单独输出。

5.2.1 创建专色通道

单击通道面板右侧的按钮 ，在弹出的菜单中选择"新建专色通道"命令，或在按住 Ctrl 键的同时单击"创建新通道"按钮，打开"新建专色通道"对话框，如图 5-19 所示，单击对话框中的"确定"按钮,即可在通道面板中创建一个专色通道,如图 5-20 所示。

图 5-19　"新建专色通道"对话框　　　　图 5-20　新建专色通道

在"新建专色通道"对话框中,"油墨特性"选项区域用于设置油墨的颜色与密度。其中"颜色"选项用于选择油墨的颜色,设置的颜色将在印刷该图像时起作用;"密度"选项用于设置油墨的密度,这里设置的密度并不影响打印输出的效果。密度数值范围为 0%～100%。数值为 0%时,模拟完全显示下层油墨的油墨效果;数值为 100%时,模拟完全覆盖下层油墨的油墨效果。

5.2.2　合并专色通道与原色通道

在通道面板的弹出式菜单中,还可以选择"合并专色通道"命令将专色通道合并到原色通道中,以减少印刷的成本,如图 5-21 所示。

图 5-21　合并专色通道与原色通道

5.3　实　　　训

5.3.1　实训 1: 通道的应用

通过实训"通道的应用",熟练掌握"图像"→"调整"→"去色"命令、"图像"→"调整"→"色彩平衡"命令以及工具的使用方法,同时熟悉通道的应用,要求通过对普通生活照片的艺术处理体现轻松快乐、幸福温馨的生活氛围。

实训制作步骤如下。

(1) 打开"素材/第 5 章/通道的应用/01.jpg"文件,效果如图 5-22 所示。执行"图像"→"调整"→"去色"命令,或按 Ctrl+Shift+U 组合键,将图片去色,效果如图 5-23 所示。

图 5-22　素材原图　　　　　　　　　　图 5-23　图片去色效果图

（2）打开通道面板，按住 Ctrl 键的同时，单击"红"通道的通道缩览图，图像周围生成选区，如图 5-24 所示。打开图层面板，执行"图层"→"新建"→"通过拷贝的图层"命令或按 Ctrl＋J 组合键，将选区中的内容复制，在图层面板中生成新的图层"图层 1"，如图 5-25 所示。

图 5-24　红色选区选中的效果图　　　　图 5-25　将选中的内容复制到新图层

（3）执行"图像"→"调整"→"色彩平衡"命令，在弹出的对话框中进行设置，选中"高光"项，切换到相应的对话框，选项的设置如图 5-26 所示。选中"阴影"项，切换到相应的对话框，选项的设置如图 5-27 所示，单击"确定"按钮，效果如图 5-28 所示。

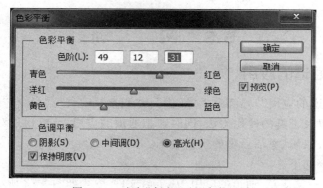

图 5-26　选中"高光"项的参数设置

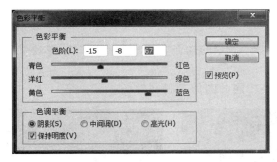

图 5-27 选中"阴影"项的参数设置　　　　图 5-28 通道的应用效果

5.3.2 实训 2: "应用图像"命令

通过实训"应用图像"命令,熟悉"图像"→"应用图像"命令的操作方法和所产生的图像效果。

实训操作步骤如下。

(1) 打开如图 5-29 所示的两张尺寸大小相同的图像素材文件。

图 5-29 打开的素材图像 1

(2) 执行"图像"→"应用图像"命令,打开"应用图像"对话框,将第一张素材图像作为目标图像,第二张素材图像作为源图像,设置混合模式为"柔光",如图 5-30 所示。

(3) 设置完成后,单击"应用图像"对话框中的"确定"按钮,完成后的效果如图 5-31 所示。

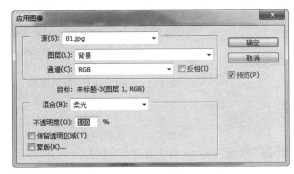

图 5-30 设置混合模式为"柔光"　　　　图 5-31 完成的合成图像

5.3.3 实训 3: "计算"命令

通过实训"计算"命令,熟悉"图像"→"计算"命令的操作方法和所产生的图像效果。实训操作步骤如下。

(1) 打开如图 5-32 所示的 3 张尺寸大小相同的图像素材文件。

心情　　　　　　　　　　　　　人物　　　　　　　　　　　　　森林

图 5-32　打开的素材图像 2

(2) 执行"图像"→"计算"命令,打开"计算"对话框,在"源 1"选项区域中选择"心情"图像文件,在"图层"下拉列表中选择"背景"选项,在"通道"下拉列表中选择"蓝"选项。

(3) 在"源 2"下拉列表中选择"人物"图像文件,在"图层"下拉列表中选择"背景"选项,在"通道"下拉列表中选择"绿"选项。

(4) 在"混合"选项区域中,设置"混合"模式为"变亮","不透明度"为 100%。

(5) 选择"蒙版"选项,在"蒙版"选项区域中选择"森林"文件,在"图层"下拉列表中选择"背景"选项,在"通道"下拉列表中选择"绿"选项。"计算"对话框设置如图 5-33 所示。

(6) 在"结果"下拉列表中选择"新建文档"选项,完成的效果如图 5-34 所示。

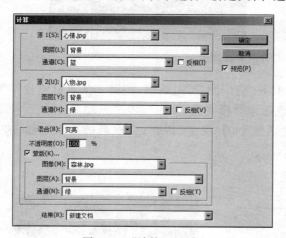

图 5-33　"计算"对话框

图 5-34　应用"计算"后的图像

5.3.4 实训 4: 精美包装袋设计

通过实训"精美包装袋设计",熟练运用"滤镜"→"纹理"命令、"滤镜"→"风格化"命令、"图像"→"应用图像"命令、"编辑"→"填充"命令、"编辑"→"变换"命令的使用方法。

同时熟练使用"渐变""多边形套索""圆角矩形""钢笔""移动"等工具以及通道、图层面板的使用方法。

精美包装袋设计的操作步骤如下所述。

（1）选择"文件"→"新建"命令，打开如图 5-35 所示对话框，进行如图所示的设置，单击"确定"按钮，创建"精美包装袋设计.psd"文件。

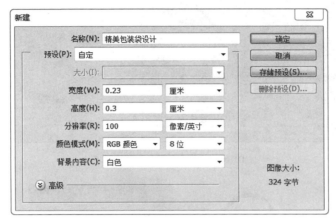

图 5-35　"新建"对话框 1

（2）新建图层 1 命名为"正面"。绘制一个矩形，然后填充淡黄色，如图 5-36 所示设置。

（3）在工具箱中选择"多边形套索"工具，在第（2）步绘制的矩形中画出四个梯形，并以褐色填充，效果如图 5-37 所示。

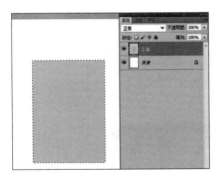

图 5-36　"正面"图层　　　　　　　图 5-37　"绘制梯形"图层

（4）在菜单栏中执行"滤镜"→"油画(O)..."命令，如图 5-38 所示。

（5）新建图层并命名为"提手"，在工具栏中选择钢笔工具绘制提手部分，然后填充黑色，结果如图 5-39 所示。

（6）将提手部分作为选区，打开通道面板，新建通道 Alpha 1，并且填充为白色，如图 5-40 所示。

（7）在菜单栏中执行"滤镜"→"风格化"→"浮雕效果"命令，设置角度为"－22 度"，高度为"7 像素"，数量为 150%，结果如图 5-41 所示。

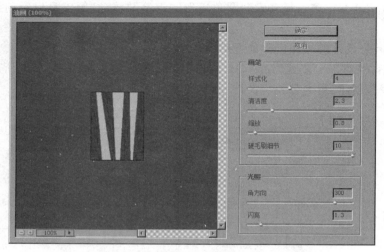

图 5-38　"油画(O)..."对话框

图 5-39　"提手"图层

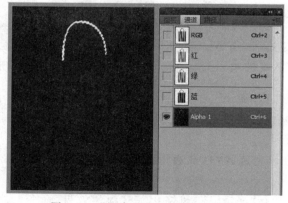

图 5-40　"新建通道 Alpha 1"对话框

（8）回到图层面板选择提手图层，然后在菜单栏中选择"图像"→"应用图像"命令，然后设置图层为提手，通道为 Alpha 1，混合模式为强光，不透明度为 50％，勾选"保留透明区域"复选框，如图 5-42 所示。

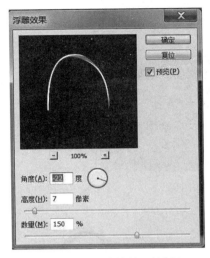
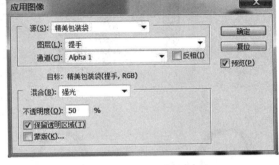

图 5-41　"浮雕效果"对话框　　　　　图 5-42　"应用图像"对话框

（9）在图层面板中将"提手"图层和"正面"图层链接起来，然后按 Ctrl＋T 组合键将图像调整到如图 5-43 所示效果。

图 5-43　"提手"图层和"正面"图层链接及效果

（10）复制"提手"图层为"提手副本"图层，然后将其置于正面图层下方，接着在工具栏中选择"移动"工具，将图形向右移动少许，效果如图 5-44 所示。

（11）新建图层，命名为"侧面"。单击工具栏中的"钢笔"工具，然后在手提袋右侧绘制出一个厚度，将矢量图层转换为光栅图层，并用淡黄色填充，如图 5-45 所示。

（12）在菜单栏中选择"渐变"工具，使用黑色到透明渐变。在侧面图层中从左到右拉出一个渐变效果，如图 5-46 所示。

（13）选择"多边形套索"工具，将手提袋的边缘选上，然后删除。使手提袋的质感加强，结果如图 5-47 所示。

图 5-44　移动"提手副本"图层

图 5-45　"侧面"图层　　　图 5-46　"侧面"图层渐变效果　　　图 5-47　使用"多边形套索"工具

（14）选择背景图层,填充为黑色,将所有手提袋图层链接到一起。使用 Ctrl＋T 组合键将其缩小,放到如图 5-48 所示位置。

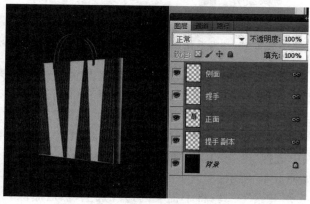

图 5-48　"链接"图层

（15）合并和纸袋有关的所有图层，重命名为"纸袋"，然后将其复制，命名为"纸袋副本"。选中纸袋副本，执行"编辑"→"变换"→"垂直翻转"命令，然后选中"移动"工具将副本图层移动到如图5-49所示位置。

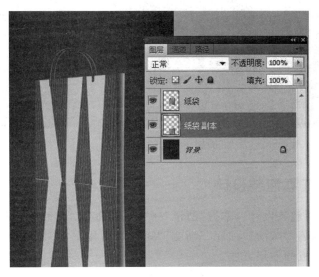

图5-49 创建翻转图像

（16）新建图层命名为"散焦"，将其置于纸袋和纸袋副本图层之间。在工具栏中选择"渐变"工具，使用黑色到透明渐变，做出一个如图5-50所示效果的渐变图层。

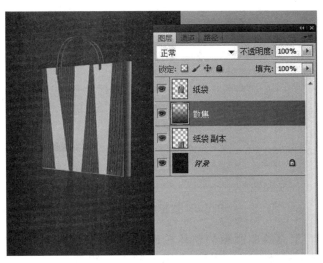

图5-50 "散焦"图层

（17）新建图层命名为"反光"，使用矩形选框工具绘制出如图5-51所示大小选区。然后选择"渐变"工具，使用白色到透明渐变，绘制出图中渐变效果，进行如图5-51所示设置。最终效果如图5-52所示。

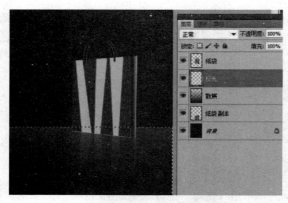 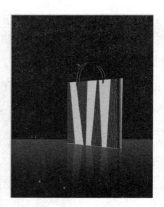

图 5-51 "反光"图层   图 5-52   最终效果

5.3.5 实训 5: 红酒包装设计

通过实训"红酒包装设计",掌握"滤镜"→"杂色"命令、"编辑"→"变换"命令的使用方法。同时,掌握"钢笔""减淡""加深""渐变""矩形""横排文字""直排文字""自定义形状"等工具以及图层面板的使用方法。

红酒包装设计的操作步骤如下所述。

(1) 选择"文件"→"新建"命令,打开如图 5-53 所示对话框,进行如图所示的设置,单击"确定"按钮,创建"红酒包装设计.psd"文件。

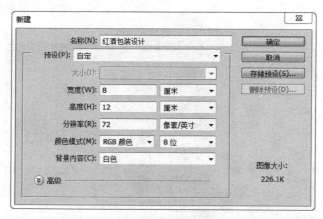

图 5-53 "新建"对话框 2

(2) 选择"钢笔"工具绘制酒瓶的整体轮廓,绘制时注意将酒瓶的"瓶颈""瓶身"画在不同的图层中,将图层转化为普通图层,如图 5-54 所示设置。

(3) 选择"钢笔"工具在瓶子上部绘制路径,按住 Ctrl+Enter 组合键将路径转换为选区,按住 Shift+F6 组合键羽化选区,选择"减淡"工具对选区进行修饰,效果如图 5-55 所示。

(4) 选择"钢笔"工具在瓶子上部绘制路径,按住 Ctrl+Enter 组合键将路径转换为选区,按住 Shift+F6 组合键羽化选区,选择"减淡"工具对选区进行修饰,效果如图 5-56

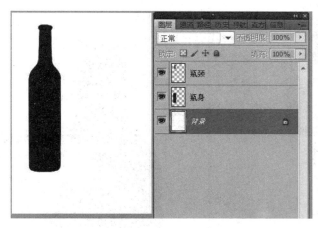

图 5-54　新建"瓶身和瓶颈图层"对话框

图 5-55　"羽化选区"1

所示。

（5）选择"钢笔"工具在瓶子上部绘制路径，按住 Ctrl＋Enter 组合键将路径转换为选区，按住 Shift＋F6 组合键羽化选区，选择"减淡"工具在工具选项栏中选择范围为"阴影"，对选区进行修饰，结果如图 5-57 所示。

图 5-56　"羽化选区"2

图 5-57　"羽化选区"3

（6）选择"滤镜"→"杂色"→"添加杂色"命令，设置弹出对话框的参数，如图 5-58 所示。

（7）选择"钢笔"工具在瓶子上部绘制路径，按住 Ctrl＋Enter 组合键将路径转换为选区，按住 Shift＋F6 组合键羽化选区，填充选区颜色（♯011C04），效果如图 5-59 所示。

图 5-58 "添加杂色"对话框 1

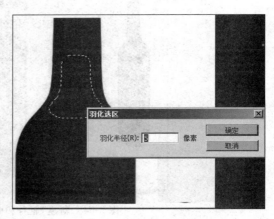
图 5-59 "羽化选区"4

(8) 在图层面板中新建一个图层,在选区内填充墨绿色(#525c56),效果如图 5-60 所示。

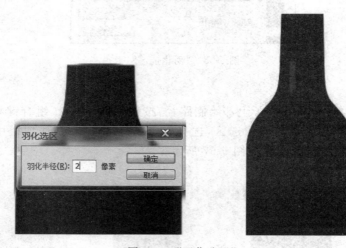
图 5-60 "羽化选区"5

(9) 选择"钢笔"工具绘制路径,将路径转换为选区后进行羽化操作,并在选区内填充墨绿色(#525c56),效果如图 5-61 所示。

(10) 选择"钢笔"工具在瓶子上部绘制路径,按住 Ctrl＋Enter 组合键将路径转换为选区,按住 Shift＋F6 组合键羽化选区,效果如图 5-62 所示。

(11) 选择"减淡"工具,设置"属性"中的范围为"阴影",曝光度为 100%,取消工具选项栏中"取消色调"的勾选,选择"瓶身"图层,在选区内进行涂抹,效果如图 5-63 所示。

(12) 选择"钢笔"工具绘制路径,将路径转化为选区并进行羽化操作,如图 5-64 所示。

图 5-61 "羽化选区"6

图 5-62 "羽化选区"7　　　　　　　　　图 5-63 使用"减淡"工具效果

　　（13）按 Ctrl＋D 组合键，取消选区，选择"加深"工具，在瓶子底部进行修饰，效果如图 5-65 所示。

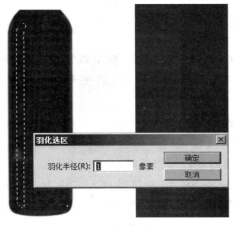

图 5-64 "羽化选区"8　　　　　　　　　图 5-65 使用"加深"工具效果

（14）选择"钢笔"工具绘制路径，如图 5-66 所示，将路径转化为选区并进行羽化操作，效果如图 5-67 所示，选择"减淡"工具；在瓶子底部进行修饰，效果如图 5-68 所示；图 5-69 为整个瓶子的整体效果，这样红酒包装的外部结构就画完了，继续进行下一步绘制。

图 5-66 使用"钢笔"工具绘制路径

图 5-67 "羽化"效果图

图 5-68 使用"减淡"工具效果

图 5-69 整个瓶子效果

（15）选择"钢笔"工具，将此路径载入选区，如图 5-70 所示，在工具箱中选择"渐变"工具，设置渐变颜色，选择"线性渐变"，新建一个图层，在选区内填充渐变色如图 5-71 所示。

（16）选择"滤镜"→"杂色"→"添加杂色"命令，设置弹出对话框的参数，参照图 5-72 所示效果；单击图层面板底部的"添加图层样式"按钮，选择"描边"命令，设置描边宽度和描边颜色，如图 5-73 所示，选择"加深"工具对两侧进行加深处理。

（17）打开"素材/第 5 章/红酒包装设计/葡萄"图片，并将其拖入文件中，调整好大小和位置后，删除葡萄图层白的背景，设置图层混合模式为"差值"，效果如图 5-74 所示。

图 5-70　使用"钢笔"工具选取路径　　　　图 5-71　"填充渐变色"效果

图 5-72　"添加杂色"对话框 2

图 5-73　设置"描边"效果　　　　图 5-74　插入"葡萄"素材效果

（18）设置前景色为棕色（♯6f371c），选择"矩形"工具在画面中绘制矩形，单击图层面板底部的"添加图层样式"按钮，选择"描边"命令，设置前景色为白色，选择"横排文字"工具，设置适当的字体和字号，在画面中输入英文字体 OULLM WINERY，设置前景色为棕色（♯6f371c），选择"直排文字"工具，设置合适的字体和字号，输入汉字"爱维"字样，单击图层面板底部的"添加图层样式"按钮，选择"外发光"命令，效果如图 5-75 所示。

（19）在工具箱中选择"自定义形状"工具，在工具属性栏中选择"五角星"在画面中绘制形状，效果如图 5-76 所示。

图 5-75 添加文字效果图   图 5-76 添加"五角星"效果

（20）将所有的图层合并，并复制出两层，再将三个图层进行合并，复制一层，按住 Ctrl＋D 组合键将其进行自由变换，在编辑菜单中选择"变换-垂直翻转"，将此图层的不透明度设置为 10％，在背景中填充渐变色，效果如图 5-77 所示。

图 5-77 最终效果

5.3.6 实训 6: 旅游杂志封面设计

通过实训"旅游杂志封面设计"，熟练运用"视图"→"新建参考线"命令、"编辑"→"变换"命令、"图层"→"图层蒙版"命令、"图层"→"新建调整图层"→"亮度/对比度"命令的使用方法。同时熟练使用"默认前景色和背景色""矩形选框""移动""画笔""横排文字""直排文字""直线""多边形""椭圆""矩形""吸管"等工具以及图层面板的使用方法。

旅游杂志封面设计的操作步骤如下所述。

（1）选择"文件"→"新建"命令，打开如图 5-78 所示对话框，进行如图所示的设置，单击"确定"按钮，创建"旅游杂志封面设计.psd"文件。

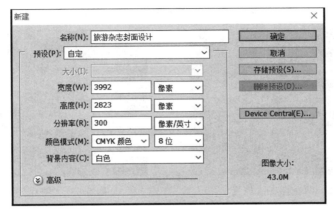

图 5-78 "新建"对话框 3

（2）选择"默认前景色和背景色"工具，使前景色为默认黑色，按住 Alt＋Delete 组合键，填充为前景色，结果如图 5-79 所示。

图 5-79 "背景"图层

（3）选择"文件"→"打开"命令，打开素材库中"素材/第 5 章/旅游杂志封面设计/01.jpg"，如图 5-80 所示。

（4）执行"视图"→"新建参考线"命令，在弹出的对话框里设置位置为 16，如图 5-81 所示。

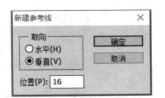

图 5-80 "素材/第 5 章/旅游杂志封面设计/01.jpg"文件 　　图 5-81 "新建参考线"对话框

（5）重复第（4）步的操作，设置位置为17.5，两次新建参考线后结果如图5-82所示。

（6）执行"选择"→"全选"命令、"编辑"→"拷贝"命令，在"旅游杂志封面设计.psd"文件中，选择"编辑"→"粘贴"命令，修改图层的名称为"图片"。按住Ctrl+T组合键，调整"图片"图层大小，并调整图层到参考线位置，如图5-83所示。

图5-82　两条参考线位置

图5-83　"图片"图层效果

（7）选择"矩形选框"工具，在"图片"图层选择如图5-84所示选区。依次执行"图层"→"图层蒙版"→"隐藏选区"命令，效果如图5-85所示。

图5-84　使用"矩形选框"选择选区

图5-85　使用图层蒙版效果

（8）在图层面板选择"图片"图层，按住鼠标左键拖动到"创建新图层"按钮，创建"图片副本"图层，依次执行"编辑"→"变换"→"水平翻转"命令，选择"移动"工具，使用方向键→移动"图片副本"图层到如图5-86所示位置。

（9）单击通道面板中的"创建新通道"按钮，即可在通道面板中创建一个Alpha通道，选择"画笔"工具，设置大小为300，类型为"柔边圆压力大小"，绘制如图5-87所示图形。

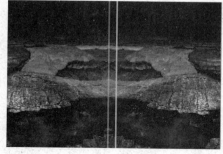

图5-86　"图片副本"图层

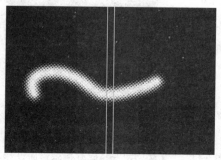

图5-87　创建新通道

（10）执行"图层"→"新建调整图层"→"亮度/对比度"命令，弹出"亮度/对比度"对话框，进行如图 5-88 所示设置，单击"确定"按钮。"图片"图层效果如图 5-89 所示。

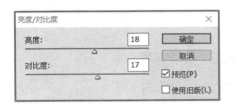

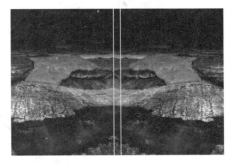

图 5-88 "亮度/对比度"对话框　　　图 5-89 "图片"图层的"亮度/对比度"效果

（11）选择"横排文字"工具，分别输入"游走天下"和 WALK THE WORLD，结果如图 5-90 和图 5-91 所示。

图 5-90 "游走天下"文字图层　　　图 5-91 "WALK THE WORLD"文字图层

（12）新建图层，命名为"形状 1"，选择"直线"工具，在如图 5-92 所示位置绘制直线。

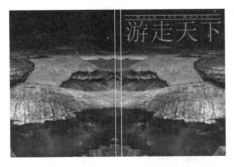

图 5-92 "形状 1"图层

（13）新建图层，命名为"形状 2"，选择"多边形"工具，进行如图 5-93 所示设置，在图 5-94 所示位置绘制 5 个星形图形。

（14）在图层面板拖动"形状 2"图层到"创建新图层"按钮，创建"形状 2 副本"图层，移动到如图 5-95 所示位置。

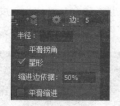

图 5-93　"多边形"工具设置

图 5-94　"形状 2"图层

图 5-95　"形状 2 副本"图层

（15）选择"前景色"工具，在弹出的"拾色器"对话框进行如图 5-96 所示设置。

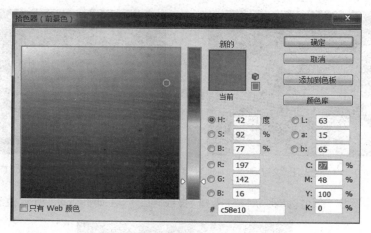

图 5-96　"拾色器"对话框 1

（16）新建图层，命名为"形状 3"，选择"椭圆"工具，按住 Shift 键，在该图层如图 5-97 所示位置绘制圆形。

（17）选择"横排文字"工具，分别输入"创刊号第 08 期""送 135 元门票优惠"，移动到"形状 3"图层位置，如图 5-98 所示。

图 5-97　"形状 3"图层

图 5-98　"创刊号"等文字图层

（18）选择"前景色"工具，在弹出的"拾色器"对话框进行如图 5-99 所示设置。

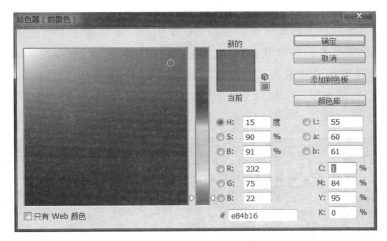

图 5-99 "拾色器"对话框 2

（19）新建图层，命名为"形状 4"，选择"矩形"工具，在该图层如图 5-100 所示位置绘制矩形。

图 5-100 "形状 4"图层

（20）选择"横排文字"工具，输入"亚洲中国"，移动到"形状 4"图层上，继续输入"重绘北京的想象地图"，如图 5-101 所示。

（21）复制"形状 4"图层，命名为"形状 5"，并移动该图层到如图 5-102 所示位置。

图 5-101 "亚洲中国"等文字图层

图 5-102 "形状 5"图层

（22）选择"横排文字"工具，输入"封面故事"，移动到"形状5"图层上，继续输入"冰岛火山喷发""除了神奇的生物和壮观的火山、瀑布、冰盖，冰岛更让人铭记于心的是大自然隐藏的能量和改变世界陆地形状的巨大力量。""自驾游走""发现新西兰最美丽的风光""上火山下蓝海开车走遍夏威夷""中国酒店新奇盛宴"，如图5-103所示。

（23）选择"直排文字"工具，设置字体为"空心字体"，大小为150，输入"游走天下"，移动到如图5-104所示位置，并设置该文字图层样式为"投影"。

图5-103　"封面故事"等文字图层　　　　　图5-104　直排"游走天下"文字图层

（24）选择"文件"→"打开"命令，打开素材库中"素材/第5章/旅游杂志封面设计/02.jpg"，如图5-105所示。

图5-105　"素材/第5章/旅游杂志封面设计/02.jpg"文件

（25）执行"选择"→"全选"命令、"编辑"→"拷贝"命令，在"旅游杂志封面设计.psd"文件中，选择"编辑"→"粘贴"命令，修改图层的名称为"条形码"。按住Ctrl＋T组合键，调整"图片"图层大小，并调整图层到参考线位置，如图5-106所示。

（26）选择"吸管"工具，在"背景"图层上半部分参考线处单击，使得前景色变为"吸管"工具所选颜色。新建图层，命名为"形状6"，选择"矩形"工具，在两条参考线之间绘制如图5-107所示图形。

（27）选择"直排文字"工具，分别输入"游走天下""创刊号第08期"，选择"横排文字"工具，输入2017，移动到如图5-108所示位置，最终效果如图5-108所示。

图 5-106　"条形码"图层

图 5-107　"形状 6"图层

图 5-108　"游走天下"等文字图层

第 6 章 ——————————— Chapter 6

Web网页设计

教学目标

- 了解 Web 安全色、切片的类型。
- 掌握创建并修改切片的方法。
- 熟悉优化图像、Web 图形的方法。
- 掌握 Web 图形输出的方法。
- 制作完整的网页图片并生成网页。

Photoshop 的 Web 工具可以帮助我们设计和优化单个 Web 网页或整个页面布局，轻松创建网页的组件。例如，使用图层和切片可以设计网页和网页界面元素；使用图层复合可以试验不同页面组合或导出页面的各种变化形式；使用 Adobe Bridge 创建 Web 照片画廊，可以将一组图像快速转变为交互式网站；使用图层样式创建可用于导入到 Dreamweaver 或 Flash 中的翻转文本或按钮图形等。

6.1　Web 安全色

颜色是网页设计的重要内容，然而，在计算机屏幕上看到的颜色却不一定都能够在其他系统上的 Web 浏览器中以同样的效果显示。为了使 Web 图形的颜色能够在所有显示器上看起来一模一样，在制作网页时，就需要使用 Web 安全颜色。在"颜色"面板或"拾色器"中调整颜色时，如果出现警告图标，如图 6-1 所示，可单击该图标，将当前颜色替换为与其最为接近的 Web 安全颜色，如图 6-2 所示。在"颜色"面板或"拾色器"中设置颜色时，也可以选择相应的选项，以便始终在 Web 安全颜色模式下工作，如图 6-3 和图 6-4 所示。

图 6-1　警告图标

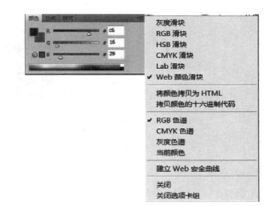

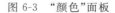

图 6-2 Web 安全颜色　　　　　　　　　　图 6-3 "颜色"面板

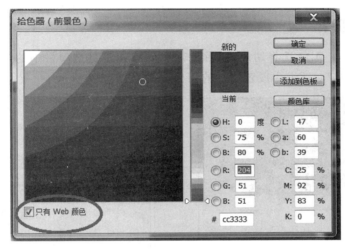

图 6-4 "拾色器"对话框 1

6.2 创建与修改切片

在制作网页时,通常要对页面进行分割,即制作切片。通过优化切片可以对分割的图像进行不同程度的压缩,以便减少图像的下载时间。另外,还可以为切片制作动画链接到URL 地址或者使用它们制作翻转按钮。

6.2.1 了解切片的类型

在 Photoshop 中,使用切片工具创建的切片称作用户切片,通过图层创建的切片称作基于图层的切片。创建新的用户切片或基于图层的切片时,会生成附加的自动切片来占据图像的其余区域,自动切片可填充图像中用户切片或基于图层的切片未定义的空间。每次添加或编辑用户切片或基于图层的切片时,都会重新生成自动切片。用户切片和基于图层的切片由实线定义,而自动切片则由虚线定义,如图 6-5 所示。

图 6-5　切片类型

6.2.2　划分切片

　　用切片选择工具 选择切片，如图 6-6 所示，单击工具选项栏中的"划分"按钮，可在打开的"划分切片"对话框中设置切片的划分方式，如图 6-7 所示。

图 6-6　选择切片

图 6-7　"划分切片"对话框

　　(1)"水平划分为"选项区域：可在长度方向上划分切片，它包含两种划分方式。选择"个纵向切片，均匀分隔"，可输入切片的划分数目；选择"像素/切片"，可输入一个数值，基于指定数目的像素创建切片，如果按该像素数目无法平均划分切片，则会将剩余部分划分为另一个切片。例如，如果将 100 像素宽的切片划分为 3 个 30 像素宽的新切片，则剩余 10 像素宽的区域将变成一个新的切片。图 6-8 所示为选择"个纵向切片，均匀分隔"后，设置数值为 3 的划分结果；图 6-9 所示为选择"像素/切片"后，输入数值为 200 像素的划分结果。

　　(2)"垂直划分为"选项区域：可在宽度方向上划分切片，它也包含两种划分方式。图 6-10 所示为选择"个横向切片，均匀分隔"选项后，设置数值为 3 的划分结果，图 6-11 所示为选择"像素/切片"选项后，设置数值为 200 像素的划分结果。

图 6-8　3 个纵向切片

图 6-9　200 像素/切片(水平划分)

图 6-10　3 个横向切片

图 6-11　200 像素/切片(垂直划分)

6.2.3　组合切片与删除切片

(1) 组合切片:使用切片选择工具选择两个或更多的切片,如图 6-12 所示,右击打开下拉菜单,选择"组合切片"命令,可以将所选切片组合为一个切片,如图 6-13 所示。

(2) 删除切片:选择一个或多个切片,按下 Delete 键可将其删除。如果要删除所有用户切片和基于图层的切片,可以执行"视图"→"清除切片"命令。

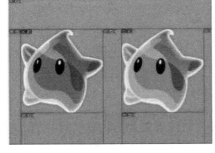

图 6-12　选取两个切片

图 6-13　组合为一个切片

6.2.4 转换为用户切片

基于图层的切片与图层的像素内容相关联,因此,在对切片进行移动、组合、划分、调整大小和对齐等操作时,唯一的方法是编辑相应的图层。如果想使用切片工具完成以上操作,则需要先将这样的切片转换为用户切片。此外,在图像中所有自动切片都链接在一起并共享相同的优化设置,如果要为自动切片设置不同的优化设置,也必须将其提升为用户切片。使用切片选择工具选择要转换的切片,如图 6-14 所示。单击工具选项栏中的"提升"按钮,即可将其转换为用户切片,如图 6-15 所示。

图 6-14 选择要转换的切片   图 6-15 转换为用户切片

6.2.5 设置切片选项

使用切片选择工具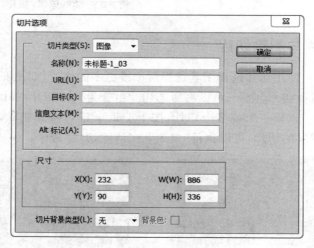双击切片,或者选择切片,然后单击工具选项栏中的按钮,可以打开"切片选项"对话框,如图 6-16 所示。

图 6-16 "切片选项"对话框

(1)"切片类型"选项:可以选择要输出的切片的内容类型,即在与 HTML 文件一起导出时,切片数据在 Web 浏览器中的显示方式。"图像"为默认的类型,切片包含图像数据;选择"无图像",可以在切片中输入 HTML 文本,但不能导出为图像,并且无法在浏览器中预览；选择"表"，切片导出时将作为嵌套表写入到 HTML 文本文件中。

（2）"名称"文本框：用来输入切片的名称。

（3）"URL"文本框：输入切片链接的 Web 地址，在浏览器中单击切片图像时，即可链接到此选项设置的网址和目标框架。该选项只能用于"图像"切片。

（4）"目标"文本框：输入目标框架的名称。

（5）"信息文本"文本框：指定哪些信息出现在浏览器中。这些选项只能用于图像切片，并且只会在导出的 HTML 文件中出现。

（6）"Alt 标记"文本框：指定选定切片的 Alt 标记。Alt 文本在图像下载过程中取代图像，并在一些浏览器中作为工具提示出现。

（7）"尺寸"文本框：X 和 Y 选项用于设置切片的位置，W 和 H 选项用于设置切片的大小。

（8）"切片背景类型"选项区域：可以选择一种背景色来填充透明区域（适用于"图像"切片）或整个区域（适用于"无图像"切片）。

6.3　优 化 图 像

创建切片后，需要对图像进行优化，以减小文件的大小。在 Web 上发布图像时，较小的文件可以使 Web 服务器更加高效地存储和传输图像，用户则能够更快地下载图像。执行"文件"→"存储为 Web 所用格式"命令，打开"存储为 Web 所用格式"对话框，如图 6-17 所示，在对话框中可以对图像进行优化和输出。

图 6-17　"存储为 Web 所用格式"对话框 1

（1）"原稿"标签：可在窗口中显示没有优化的图像。

（2）"优化"标签：可在窗口中显示应用了当前优化设置的图像。

（3）"双联"标签：可并排显示图像的两个版本，即优化前和优化后的图像。

（4）"四联"标签：可并排显示图像的四个版本，如图 6-18 所示。

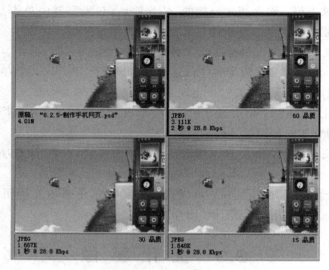

图 6-18　"四联"标签

除原稿外的其他三个图像可以进行不同的优化，每个图像下面都提供了优化信息，如优化格式、文件大小、图像估计下载时间等，通过对比选择出最佳的优化方案。

（5）缩放工具和抓手工具：使用缩放工具，单击可以放大图像的显示比例，按住 Alt 键单击，则缩小显示比例，也可以在缩放文本框中输入显示百分比。使用抓手工具，可以移动查看图像。

（6）切片选择工具：当图像包含多个切片时，可使用该工具选择窗口中的切片，以便对其进行优化。

（7）吸管工具和吸管颜色：使用吸管工具在图像中单击，可以拾取单击点的颜色，并显示在吸管颜色图标中。

（8）切换切片可视性：单击该按钮可以显示或隐藏切片的定界框。

（9）优化弹出菜单：包含"存储设置""链接切片""编辑输出设置"等命令，如图 6-19 所示。

（10）颜色表弹出菜单：包含与颜色表有关的命令，可新建颜色、删除颜色以及对颜色进行排序等，如图 6-20 所示。

（11）"颜色表"选项卡：将图像优化为 GIF、PNG-8 和 WBMP 格式时，可在"颜色表"中对图像颜色进行优化设置。

（12）"图像大小"选项卡：将图像大小调整为指定的像素尺寸或原稿大小的百分比。

（13）状态栏：显示光标所在位置的图像的颜色值等信息。

（14）在浏览器中预览菜单：单击按钮，可在系统上默认的 Web 浏览器中预览优化后的图像。预览窗口中会显示图像的题注，其中列出了图像的文件类型、像素尺寸、文件大小、压缩规格和其他 HTML 信息，如图 6-21 所示。如果要使用其他浏览器，可以在此菜单中选择"其他"。

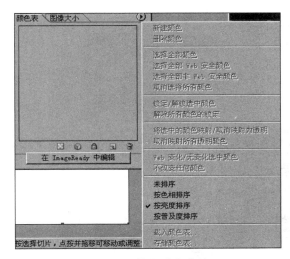

图 6-19 优化弹出菜单   图 6-20 颜色表弹出菜单

图 6-21 Web 浏览器中预览优化后的图像

6.4 Web 图形优化选项

在"存储为 Web 所用格式"对话框中选择需要优化的切片以后,可在右侧的文件格式下拉列表中选择一种文件格式,并设置优化选项,对所选切片进行优化。

6.4.1 优化为 GIF 和 PNG-8 格式

GIF 是用于压缩具有单调颜色和清晰细节的图像(如艺术线条、徽标或带文字的插图)的标准格式,它是一种无损的压缩格式。PNG-8 格式与 GIF 格式一样,也可以有效地压缩纯色区域,同时保留清晰的细节。这两种格式都支持 8 位颜色,因此它们可以显示多达 256 种颜色。在"存储为 Web 所用格式"对话框的文件格式下拉列表中可以选择这两种格式,如图 6-22 和图 6-23 所示。

图 6-22　GIF 格式

图 6-23　PNG-8 格式

(1)"颜色"选项区域:指定用于生成颜色查找表的方法,以及想要在颜色查找表中使用的颜色数量。图 6-24 所示为不同颜色数量的图像效果。

图 6-24　不同颜色数量的图像效果

(2)"仿色"选项区域:"仿色"是指通过模拟计算机的颜色来显示系统中未提供的颜色的方法。较高的仿色百分比会使图像中出现更多的颜色和细节,但也会增加文件占用的存储空间。图 6-25 所示是"颜色"为 50、"仿色"为 0%的 GIF 图像,图 6-26 所示是"颜色"为 50、"仿色"为 100%的效果。

图 6-25　"仿色"为 0%的 GIF 图像　　图 6-26　"仿色"为 100%的 GIF 图像

(3)"杂边"选项区域:确定如何优化图像中的透明像素。图 6-27 所示为一个背景是透明像素的图像,图 6-28 所示为勾选"透明度"选项,并设置杂边颜色为绿色的效果;图 6-29 所示为勾选"透明度"选项,但未设置杂边颜色的效果;图 6-30 所示为未勾选"透明度"选项,设置杂边颜色为绿色的效果。

图 6-27 背景是透明像素的图像

图 6-28 勾选"透明度",杂边颜色为绿色

图 6-29 勾选"透明度",未设置杂边颜色

图 6-30 未勾选"透明度",杂边颜色为绿色

（4）"交错"选项：当图像正在下载时，在浏览器中显示图像的低分辨率版本，使用户感觉下载时间更短。但这会增加文件占用的存储空间。

（5）"Web 靠色"选项：指定将颜色转换为最接近 Web 面板等效颜色的容差级别（并防止颜色在浏览器中进行仿色）。该值越高，转换的颜色越多。损耗：通过有选择地扔掉数据来减小文件占用的存储空间，可以将文件减小 5%～40%。在通常情况下，应用 5～10 的"损耗"值不会对图像产生太大影响，如图 6-31 所示，数值较高时，文件虽然会更小，但图像的品质就会变差，如图 6-32 所示。

图 6-31 5～10 的"损耗"值

图 6-32 高于 5～10 的"损耗"值

6.4.2 优化为 JPEG 格式

JPEG 是用于压缩连续色调图像(如照片)的标准格式。将图像优化为 JPEG 格式时采用的是有损压缩,它会有选择地扔掉数据以减小文件。图 6-33 所示为 JPEG 选项。

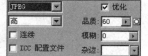

图 6-33　JPEG 格式

(1)"连续"选项:在 Web 浏览器中以渐进方式显示图像。

(2)"优化"选项:创建文件容量稍小的增强 JPEG。如果要最大限度地压缩文件,建议使用优化的 JPEG 格式。

(3)"ICC 配置文件"选项:在优化文件中保存颜色配置文件。某些浏览器会使用颜色配置文件进行颜色的校正。

(4)"品质"选项:用来设置压缩程度,"品质"设置越高,图像的细节越多,但生成的文件也越大。

(5)"模糊"选项:指定应用于图像的模糊量。可创建与"高斯模糊"滤镜相同的效果,并允许进一步压缩文件以获得更小的文件。建议设置为 0.1~0.5。

(6)"杂边"选项:为原始图像中透明的像素指定一个填充颜色。

6.4.3 优化为 PNG-24 格式

PNG-24 适合于压缩连续色调图像,它的优点是可在图像中保留多达 256 个透明度级别,但生成的文件要比 JPEG 格式生成的文件大得多。图 6-34 所示为 PNG-24 优化选项,其设置方法可参考 GIF 格式的相应选项。

图 6-34　PNG-24 格式　　　　图 6-35　WBMP 格式

6.4.4 优化为 WBMP 格式

WBMP 格式是用于优化移动设备(如移动电话)图像的标准格式。图 6-35 所示为该格式的优化选项。图 6-36 所示为原图像,使用该格式优化后,图像中只包含黑色和白色像素,如图 6-37 所示。

图 6-36　原图像　　　　　　图 6-37　优化为 WBMP 格式

6.5　Web图形的输出设置

　　优化Web图形后,在"存储为Web所用格式"对话框的"优化"选项卡中选择"存储…"按钮,如图6-38所示,打开"输出设置"对话框,如图6-39所示。在对话框中可以控制如何设置HTML文件的格式、如何命名文件和切片,以及在存储优化图像时如何处理背景图像。如果要使用预设的输出选项,可以在"设置"选项的下拉列表中选择一个选项;如果要其他输出选项,则可在如图6-38所示的选项下拉列表中选择"其他…",则弹出如图6-39所示对话框,其中就会显示详细的设置内容。

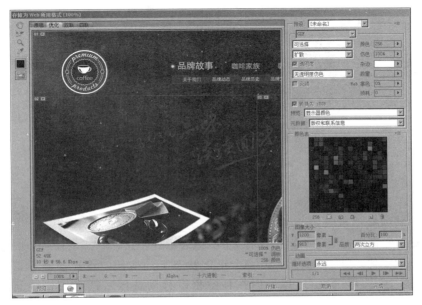

图6-38　"优化"选项卡

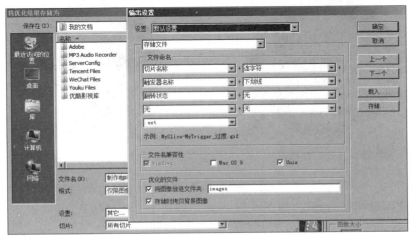

图6-39　"输出设置"对话框

6.6 实　　训

6.6.1　实训 1: 创建翻转

　　通过实训"创建翻转",熟练使用"椭圆选框"工具以及 Ctrl＋U、Ctrl＋D、Shift＋Ctrl＋S 组合键在网页制作翻转按钮,并会创建、选择、移动和调整切片。

　　翻转是应用于网页上的一个按钮或图像的操作,当鼠标移动到它上方时会发生变化, 如图 6-40 所示。下面我们就来制作一个可应用于网页的翻转按钮。

图 6-40　翻转按钮

　　创建翻转的操作步骤如下所述。

　　(1) 要创建翻转至少需要两个图像,主图像表示处于正常状态的图像,次图像表示处 于更改状态的图像。图 6-41 所示是一个正常状态下的按钮。选择椭圆选框工具,按住 Shift 键创建一个圆形选区(可以同时按住空格键移动选区),选择按钮中间的图形,如 图 6-42 所示。

图 6-41　正常按钮　　　　　　　　　图 6-42　选择按钮中间的图形

　　(2) 按下 Ctrl＋U 组合键,打开"色相/饱和度"对话框,拖动色相滑块,如图 6-43 所 示,将选中的图形调整为蓝色,如图 6-44 所示。按下 Enter 键确认,然后按下 Ctrl＋D 组 合键取消选择。

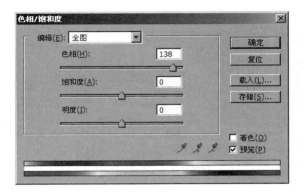

图 6-43　"色相/饱和度"对话框　　　　　图 6-44　选中的图形调整为蓝色

（3）按下 Shift＋Ctrl＋S 组合键将图像存储为另外的名称，格式保持不变。在 Photoshop 中创建翻转图像之后，就可以使用 Dreamweaver 将这些图像置入网页中并自动为翻转动作添加 JavaScript 代码。

6.6.2　实训 2：选择、移动与调整切片

创建切片以后，可以移动切片或组合多个切片，也可以复制切片或者删除切片，或者为切片设置输出选项、指定输出内容，为图像指定 URL 链接信息等。

（1）使用切片选取工具单击一个切片，将它选择，如图 6-45 所示；按住 Shift 键单击其他切片，可以选择多个切片，如图 6-46 所示（选中的切片棕色框显示，没选中的切片蓝色框显示）。

图 6-45　选择一个切片　　　　　　　　图 6-46　选择多个切片

（2）选择切片后，拖动切片定界框上的控制点可以调整切片大小，如图 6-47 所示。

（3）拖动切片即可以移动切片，如图 6-48 所示；按住 Shift 键可将移动限制在垂直、水平或 45°对角线的方向上；按住 Alt 键并拖动鼠标，可以复制切片。

创建切片后，为防止切片被意外修改，可以执行"视图"→"锁定切片"命令，锁定所有切片。再次执行该命令可取消锁定。

切片选择工具的选项栏中提供了可调整切片的堆叠顺序、对切片进行对齐与分布的

选项，如图 6-49 所示。

图 6-47　调整切片大小　　　　　　图 6-48　移动切片

图 6-49　切片选择工具的选项栏

①"调整切片堆叠顺序"选项：在创建切片时，最后创建的切片是堆叠顺序中的顶层切片。当切片重叠时，可单击该选项中的按钮，改变切片的堆叠顺序，以便能够选择到底层的切片。单击"置为顶层"按钮▧，可将所选切片调整到所有切片之上；单击"前移一层"按钮▧，可将所选切片向上层移动一个顺序；单击"后移一层"按钮▧，可将所选切片向下层移动一个顺序；单击"置为底层"按钮▧，可将所选切片移动到所有切片之下。

②"提升"选项：单击该按钮，可以将所选的自动切片或图层切片转换为用户切片。

③"划分"选项：单击该按钮，可以打开"划分切片"对话框对所选切片进行划分。

④"对齐与分布切片"选项：选择了两个或多个切片后，单击相应的按钮可以让所选切片对齐或均匀分布，这些按钮包括顶对齐▧、垂直居中对齐▧、底对齐▧、左对齐▧、水平居中对齐▧和右对齐▧；如果选择了 3 个或 3 个以上切片，可单击相应的按钮使所选切片按照一定规则均匀分布，这些按钮包括按顶分布▧、垂直居中分布▧、按底分布▧、按左分布▧、水平居中分布▧和按右分布▧。

⑤"隐藏自动切片"选项：单击该按钮，可以隐藏自动切片。

⑥ 设置切片选项▧：单击该按钮，可在打开的"切片选项"对话框中设置切片的名称、类型并指定 URL 地址等。

6.6.3　实训 3：制作咖啡网页

通过实训"制作咖啡网页"，掌握"编辑"→"填充"命令、"选择"→"全选"命令、"图层"→"新建"命令、"文件"→"存储为 Web 所用格式"命令以及"设置前景色""铅笔""横排文字""矩形""切片"等工具的使用方法，同时掌握网页制作的方法与技巧。

制作咖啡网页的操作步骤如下所述。

（1）选择"文件"→"新建"命令，打开如图 6-50 所示对话框，进行如图所示的设置，单击"确定"按钮，创建"制作咖啡网页.psd"文件。

图 6-50 新建"制作咖啡网页.psd"文件

（2）选择"设置前景色"工具，打开"拾色器"对话框，进行如图 6-51 所示设置，单击"确定"按钮。

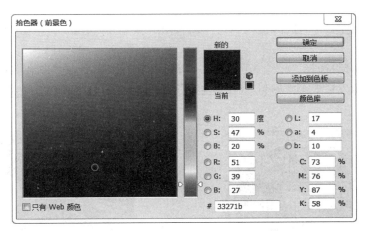

图 6-51 "拾色器"对话框 2

（3）选择"编辑"→"填充"命令，打开如图 6-52 所示对话框，单击"确定"按钮。

（4）填充前景色后，"制作咖啡网页.psd"效果如图 6-53 所示。

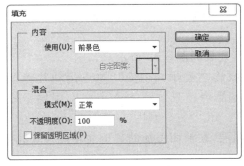

图 6-52 "填充"对话框

图 6-53 填充前景色

（5）选择"文件"→"打开"命令，打开素材库中"素材/第 6 章/制作咖啡网页/01.jpg"，如图 6-54 所示。

（6）依次执行"选择"→"全选"命令、"编辑"→"拷贝"命令，在"制作咖啡网页.psd"文件中，选择"编辑"→"粘贴"命令，调整复制图层位置，如图 6-55 所示。在图层面板"名称"处输入"底图"。

图 6-54　"素材/第 6 章/制作咖啡网页/01.jpg"文件　　　图 6-55　添加"底图"图层

（7）选择"文件"→"打开"命令，打开素材库中"素材/第 6 章/制作咖啡网页/02.png"，如图 6-56 所示。

（8）依次执行"选择"→"全选"命令、"编辑"→"拷贝"命令，在"制作咖啡网页.psd"文件中，选择"编辑"→"粘贴"命令，调整复制图层位置，如图 6-57 所示。在图层面板"名称"处输入 logo。

图 6-56　"素材/第 6 章/制作咖啡网页/02.png"文件　　　图 6-57　添加 logo 图层

（9）选择文字工具，输入"在线咨询 加盟合作 免费电话 在线留言 在线申请 招商加盟"字样，调整到如图 6-58 所示位置。

（10）用同样的方法输入文字"品牌故事"，效果如图 6-59 所示。

（11）用同样的方法分别输入文字"咖啡家族""咖啡知识库""热点运动""咖啡与健康""关于我们 品牌动态 品牌历史 品牌文化 品牌远景"，添加 5 个文字图层。效果如图 6-60 所示。

（12）选择图层面板中的"关于我们..."图层，在前面添加的其他文字图层单击链接，结果如图 6-61 所示。

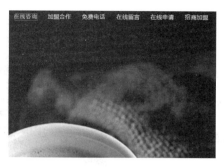

图 6-58 添加"在线咨询"等文字图层

图 6-59 添加"品牌故事"文字图层

图 6-60 添加 5 个文字图层

（13）选择"图层"→"新建"→"从图层建立组"命令，如图 6-62 所示，弹出图 6-63 所示对话框，在"名称"处输入"导航"，结果如图 6-64 所示。

图 6-61 链接各文字图层

图 6-62 "从图层建立组"命令

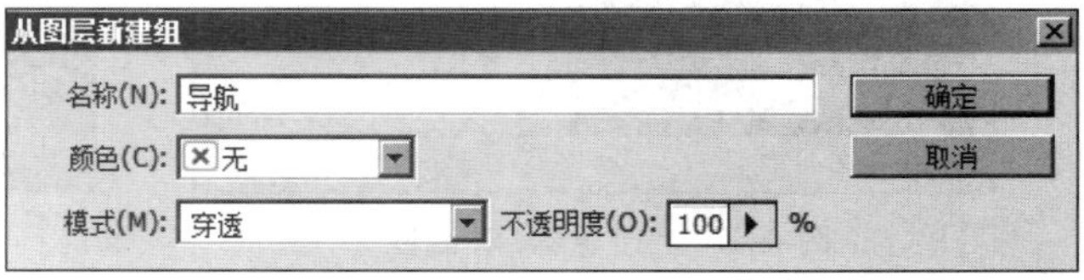

图 6-63 "从图层新建组"对话框

（14）选择"文件"→"打开"命令，打开素材库中"素材/第 6 章/制作咖啡网页/03.jpg"，如图 6-65 所示。

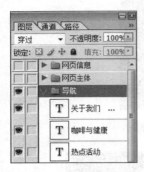

图 6-64　"导航"图层组　　　　图 6-65　"素材/第 6 章/制作咖啡网页/03.jpg"文件

（15）依次执行"选择"→"全选"命令、"编辑"→"拷贝"命令，在"制作咖啡网页.psd"文件中，选择"编辑"→"粘贴"命令，调整复制图层位置，如图 6-66 所示。在图层面板"名称"处输入"图片 1"。

图 6-66　添加"图片 1"图层

（16）选择设置前景色，弹出"拾色器"对话框，进行如图 6-67 所示的设置。在图层面板新建图层，"名称"处输入"线"，选择铅笔工具，在如图 6-68 所示位置（细线标注出）绘制一条直线。

图 6-67　"拾色器"对话框 3　　　　　图 6-68　添加直线图层

（17）选择文字工具，输入"传承欧洲咖啡文化的精髓""关于我们"字样，添加 2 个文字图层，调整到如图 6-69 所示位置。

（18）用第（12）步的方法建立图层组"关于我们"，如图 6-70 所示。

（19）选择"文件"→"打开"命令，打开素材库中"素材/第 6 章/制作咖啡网页/04.jpg"，如图 6-71 所示。

图 6-69　添加 2 个文字图层

图 6-70　"关于我们"图层组

图 6-71　"素材/第 6 章/制作咖啡网页/04.jpg"文件

（20）用第（15）～（18）步的方法分别建立"图片 2"图层、"线副本"图层、"加强与中国咖啡产区合作""品牌动态"2 个文字图层，如图 6-72 所示。最后建立"品牌动态"图层组，如图 6-73 所示。

图 6-72　添加"品牌动态"各图层

图 6-73　"品牌动态"图层组

（21）选择"文件"→"打开"命令，打开素材库中"素材/第 6 章/制作咖啡网页/05.jpg"，如图 6-74 所示。

图 6-74 "素材/第 6 章/制作咖啡网页/05.jpg"文件

（22）用第（20）步的方法分别建立"图片 3"图层、"线副本 2"图层、"70 年历史""品牌历史"2 个文字图层，如图 6-75 所示。最后建立图层组"品牌历史"，如图 6-76 所示。

图 6-75 添加"品牌历史"各图层

（23）用第（22）步的方法把 3 个图层组"关于我们""品牌动态""品牌历史"链接，组合成一个新的图层组"网页主体"，如图 6-77 所示。

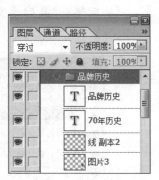

图 6-76 "品牌历史"图层组

图 6-77 "网页主体"图层组

（24）选择设置前景色，弹出"拾色器"对话框，进行如图 6-78 所示的设置。在图层面板新建图层，"名称"处输入"线"，选择铅笔工具，在如图 6-79 所示位置（画线标注处）绘制一条直线。

图 6-78 "拾色器"对话框 4

图 6-79 添加直线图层

（25）选择文字工具分别在如图 6-80 所示位置输入"关于咖啡 交流合作 人才招聘 企业简介 联系我们 网站地图 XML 地图""加盟热线：400-800-65948798/65948799 手机：13815429999 13522239487 传真：010-65857986""各地区分店查询"字样，建立 3 个文字图层。

图 6-80 添加 3 个文字图层

（26）选择矩形工具，在图层面板新建图层，"名称"处输入"信息搜索框"，在如图 6-81 所示位置绘制图形，并将该图层置于"各地区分店查询"图层下面。

（27）用第（22）步的方法把第（25）、（26）步建立的图层链接后建立图层组"网页信息"，如图 6-82 所示。

图 6-81 添加"信息搜索框"图层

图 6-82 "网页信息"图层组

（28）选择切片工具，进行如图 6-83 所示分割全图。

图 6-83　使用切片工具分割全图

（29）选择"文件"→"存储为 Web 所用格式"命令，弹出如图 6-84 所示对话框，单击"存储"按钮，存储路径设置为"素材/第 6 章/制作咖啡网页/制作咖啡网页.html"，如图 6-85 所示，单击"保存"按钮。

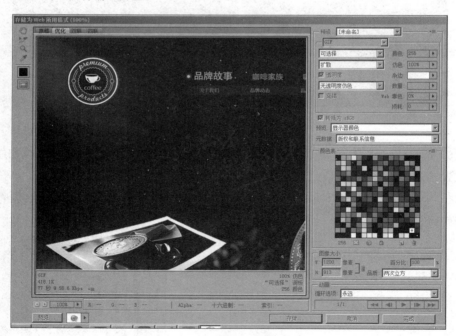

图 6-84　"存储为 Web 所用格式"对话框 2

（30）打开"素材/第 6 章/制作咖啡网页/制作咖啡网页.html"，生成的咖啡网页效果如图 6-86 所示。

图 6-85 "将优化结果存储为"对话框

图 6-86 咖啡网页效果

6.6.4 实训 4: 制作商城网页

通过实训"制作商城网页",掌握"图层"→"图层编组"命令、"选择"→"全选"命令、"图层"→"图层蒙版"→"隐藏选区"命令、"图层"→"图层蒙版"→"显示选区"命令以及"矩形选框""横排文字""矩形""直线""添加到选区"等工具的使用方法,同时掌握网页制作的方法与技巧。

（1）选择"文件"→"新建"命令,打开如图 6-87 所示对话框,进行如图所示的设置,单击"确定"按钮,创建"制作商城网页.psd"文件。

（2）选择"横排文字"工具,分别输入 HAPPINESS、"新年专场 一价到底 所有商品史上最低价""珠宝饰品/腕表眼镜 精品淑女馆 奢华绅士馆 时尚运动馆 妈咪宝贝馆 美食馆",位置如图 6-88 所示。

（3）新建图层,命名为"下拉列表"。选择"矩形"工具,在如图 6-89 所示位置绘制图形,并按照如图 6-90 所示设置该图层,图层样式效果如图 6-91 所示。

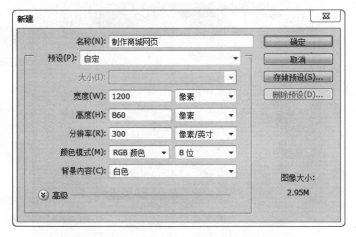

图 6-87 "新建"对话框

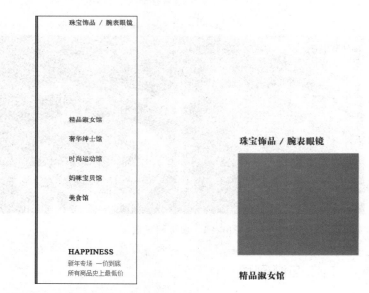

图 6-88 "HAPPINESS"等文字　　　　图 6-89 "下拉列表"图层

（4）选择"横排文字"工具，在"下拉列表"图层上输入"化妆品 黄金珠宝 名品腕表 箱包 皮具"，如图 6-92 所示。

（5）选择"文件"→"打开"命令，打开素材库中"素材/第 6 章/制作商城网页/03. png"，如图 6-93 所示。

（6）依次执行"选择"→"全选"命令、"编辑"→"拷贝"命令，在"制作商城网页. psd"文件中，选择"编辑"→"粘贴"命令，修改图层的名称为 logo。按住 Ctrl＋T 组合键，调整"图片"图层大小，并调整图层到如图 6-94 所示位置。

（7）新建图层，命名为"矩形"，选择"矩形"工具，在"制作商城网页. psd"页面右上角如图 6-95 所示位置绘制矩形。

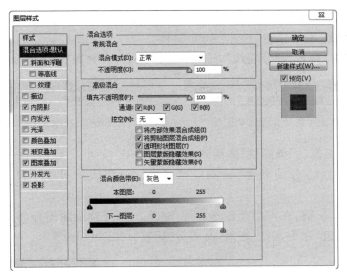

图 6-90 "图层样式"对话框 1

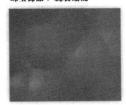

图 6-91 "下拉列表"图层样式效果

图 6-92 "化妆品"等文字

图 6-94 logo 图层

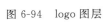

图 6-93 "素材/第 6 章/制作商城网页/03.png"文件

图 6-95 "矩形"图层

（8）选择"横排文字"工具，在"矩形"图层下方输入"［登录］［免费注册］我的订单 会员俱乐部 客户服务 网站导航"，如图 6-96 所示。

（9）新建图层，命名为"分隔线"，选择"直线"工具，在如图 6-97 所示位置绘制直线。

图 6-96　"［登录］"等文字图层　　　　　　　图 6-97　"分隔线"图层

（10）按住左键拖动"分隔线"图层到"创建新图层"按钮，创建"分隔线拷贝"图层。同样的操作再执行两次，分别创建"分隔线拷贝 2""分隔线拷贝 3"图层，结果如图 6-98 所示。

（11）按住 Shift 键，在图层面板选择除 Background 背景图层外其他所有图层，执行"图层"→"图层编组"命令，创建新组，命名为"导航"，如图 6-99 所示。

图 6-98　"分隔线拷贝"等图层　　　　　　图 6-99　"导航"图层组

（12）选择"横排文字"工具，分别输入"2017 倾情奉献 十亿礼券免费领""欢迎来到 Happiness"，如图 6-100 所示。

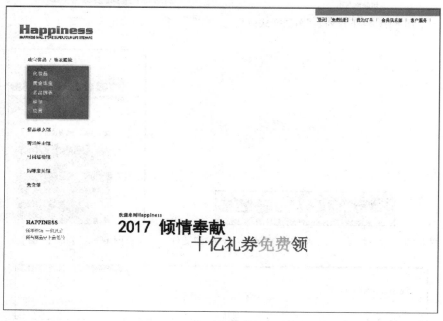

图 6-100　"2017"等文字图层

（13）新建图层，命名为"渐变矩形"，选择"矩形"工具，在如图 6-101 所示位置矩绘制矩形，并设置其图层样式为内阴影、渐变叠加、投影，如图 6-102 所示。

欢迎来到Happiness

图 6-101 "渐变矩形"图层

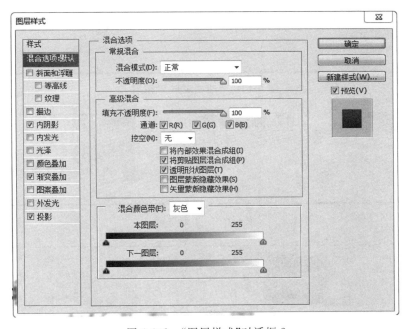

图 6-102 "图层样式"对话框 2

（14）选择"横排文字"工具，在"渐变矩形"图层上方位置处输入"品牌街"，如图 6-103 所示。

（15）按住左键拖动"渐变矩形"图层到"创建新图层"按钮，创建"渐变矩形 2"图层，取消其图层样式的"内阴影、渐变叠加、投影"效果，调整透明度为 30%，并调整大小及其位置，如图 6-104 所示。

（16）选择"矩形选框"工具，并设置其羽化值为10，选择如图 6-105 所示矩形区域，执行"图层"→"图层蒙版"→"隐藏选区"命令，如图 6-106 所示。

图 6-103 "品牌街"文字图层

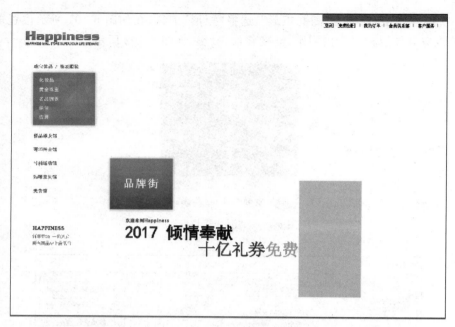

图 6-104　"渐变矩形 2"图层

图 6-105　矩形选区

图 6-106　图层蒙版效果

　　(17) 选择"文件"→"打开"命令,打开素材库中"素材/第 6 章/制作商城网页/02.png",如图 6-107 所示。

　　(18) 依次执行"选择"→"全选"命令、"编辑"→"拷贝"命令,在"制作商城网页.psd"文件中,选择"编辑"→"粘贴"命令,修改图层的名称为"戒指",设置其图层样式为"外发光"效果。按住 Ctrl＋T 组合键,调整"图片"图层大小,并调整图层到如图 6-108 所示位置。

图 6-107 "素材/第 6 章/制作商城网页/02.png"文件

图 6-108 "戒指"图层

(19) 选择"横排文字"工具,在"戒指"图层处分别输入"珠宝""奢华",如图 6-109所示。

(20) 选择"文件"→"打开"命令,打开素材库中"素材/第 6 章/制作商城网页/01.png",如图 6-110 所示。

图 6-109 "珠宝"等文字图层　　　图 6-110 "素材/第 6 章/制作商城网页/01.png"文件

(21) 依次执行"选择"→"全选"命令、"编辑"→"拷贝"命令,在"制作商城网页.psd"文件中,选择"编辑"→"粘贴"命令,修改图层的名称为"图片",设置其图层样式为"内阴影、投影"效果。按住 Ctrl＋T 组合键,调整"图片"图层大小,并调整图层到如图 6-111 所示位置。

图 6-111 "图片"图层

（22）选择"矩形选框"工具，切换成"添加到选区"工具，羽化值为 0，如图 6-112 所示。

羽化：0 像素

图 6-112 "添加到选区"工具

（23）选择如图 6-113 所示不规则区域，执行"图层"→"图层蒙版"→"显示选区"命令，效果如图 6-114 所示。

图 6-113 不规则区域

（24）选择"文件"→"打开"命令，打开素材库中"素材/第 6 章/制作商城网页/04.png"，如图 6-115 所示。

（25）依次执行"选择"→"全选"命令、"编辑"→"拷贝"命令，在"制作商城网页.psd"文件中，选择"编辑"→"粘贴"命令，修改图层的名称为"分类"。按住 Ctrl＋T 组合键，调整"图片"图层大小，并调整图层到如图 6-116 所示位置。

图 6-114　"图片"图层蒙版效果

图 6-115　"素材/第 6 章/制作商城网页/04.png"文件

图 6-116　"分类"图层

（26）按住 Shift 键,在图层面板选择从第（12）～（25）步创建的所有图层,执行"图层"→"图层编组"命令,创建新组,命名为"主体信息",如图 6-117 所示。

（27）新建图层,命名为"线",选择"直线"工具,在图层下半部分位置处绘制直线,如图 6-118 所示。

（28）选择"文件"→"打开"命令,打开素材库中"素材/第 6 章/制作商城网页/05.png",如图 6-119 所示。

图 6-117 "主体信息"图层组

图 6-118 "线"图层

图 6-119 "素材/第 6 章/制作商城网页/05.png"文件

（29）依次执行"选择"→"全选"命令、"编辑"→"拷贝"命令，在"制作商城网页.psd"文件中，选择"编辑"→"粘贴"命令，修改图层的名称为"信息框"。按住 Ctrl＋T 组合键，调整"信息框"图层大小，并调整该图层到如图 6-120 所示位置。

（30）选择"横排文字"工具，在"信息框"图层处输入"促销信息"，如图 6-121 所示。

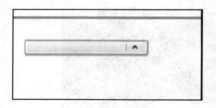
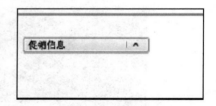

图 6-120 "信息框"图层　　　　　　图 6-121 "促销信息"文字图层

（31）新建图层，命名为"矩形"，选择"矩形"工具，在"线"图层左下方处绘制矩形，如图 6-122 所示。

图 6-122 "矩形"图层

（32）选择"横排文字"工具，在"矩形"图层处输入"购物指南 配送方式 支付方式 售后服务 调换货 特色服务"，如图 6-123 所示。

（33）按住 Shift 键，在图层面板选择从第（27）～（32）步创建的所有图层，执行"图层"→"图层编组"命令，创建新组，命名为"网页信息"，如图 6-124 所示。

图 6-123　"网页信息"图层组

图 6-124　"购物指南"等文字图层

（34）选择"切片"工具，对整个页面进行如图 6-125 所示切分。

图 6-125　切片划分页面

（35）执行"文件"→"存储为 Web 所用格式"命令，在弹出的对话框中选择需要优化的切片以后，在右侧的文件格式下拉列表中选择 GIF 格式，并设置优化选项，对所选切片进行优化，单击"完成"按钮，生成的文件如图 6-126 所示。

图 6-126　GIF 格式文件

滤　　镜

 教学目标

- 了解 Photoshop 滤镜的功能以及滤镜的分类。
- 掌握各种滤镜的使用方法。
- 能够使用滤镜制作特殊效果。

　　滤镜主要是用来实现图像的各种特殊效果。它在 Photoshop 中具有非常神奇的作用。所有 Photoshop 的命令都分类放置在菜单中，使用时只需要从该菜单中执行命令即可。

　　滤镜的操作非常简单，但是真正用起来却很难恰到好处。滤镜通常需要同通道、图层等联合使用，才能取得最佳艺术效果。如果想在最适当的时候应用滤镜到最适当的位置，除了平常的美术功底之外，还需要用户对滤镜的熟悉和操控能力，甚至需要具有很丰富的想象力。这样，才能有的放矢地应用滤镜，发挥出艺术才华。

7.1　滤镜的分类和使用

　　滤镜包括像素化滤镜组、扭曲滤镜组、渲染滤镜组、模糊滤镜组、杂色滤镜组、画笔描边滤镜组、素描滤镜组、纹理滤镜组、锐化效果滤镜组、风格化滤镜组、其他滤镜组。单击 Photoshop 的"滤镜"菜单项，即可选择使用。使用方法也基本相似，打开并选择需要处理的图像，执行"滤镜"菜单下的滤镜命令，并在弹出的参数设置对话框中设置好参数，单击"确定"按钮即可。

　　下面详细介绍几种滤镜组。

7.1.1　扭曲滤镜组

　　扭曲滤镜组的子滤镜命令如图 7-1 所示，分别对这些命令的功能做以下说明。

1. 波浪效果

执行"滤镜"→"扭曲"→"波浪"命令,打开如图 7-2 所示对话框。

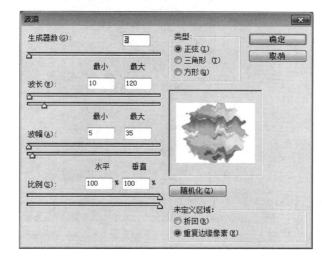

图 7-1 "扭曲"子菜单　　　图 7-2 "波浪"对话框

功能:帮助用户选择不同的波长以产生不同的波动效果。

参数介绍如下。

(1) 生成器数:控制产生波的总数。

(2) 波长:控制波峰间距。

(3) 波幅:调节产生波的波幅。

(4) 比例:决定水平、垂直方向的变形度。

(5) 类型:规定波形。有"正弦""三角形"和"方形"三种。

(6) 随机化:用于产生随机的波动效果。

(7) 未定义区域:"折回"是缠绕型;"重复边缘像素"是平铺型。

2. 波纹效果

执行"滤镜"→"扭曲"→"波纹"命令,打开如图 7-3 所示对话框。

功能:产生水纹涟漪效果。

参数介绍如下。

(1) 数量:调节产生波纹的数量。

(2) 大小:用于水波纹的大小设定。

3. 极坐标效果

执行"滤镜"→"扭曲"→"极坐标"命令,打开如图 7-4 所示对话框。

功能:将图像坐标从直角坐标转为极坐标或从极坐标转换成直角坐标所产生的效果。能将直的拉弯、圆形物体拉直。

参数介绍如下。

(1) 平面坐标到极坐标:可以使图像产生被拉直的效果。

(2) 极坐标到平面坐标:可以使图像产生被弯曲的效果。

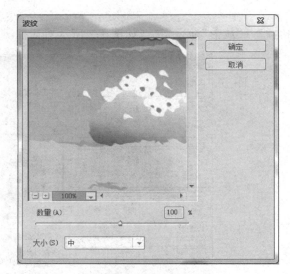

图 7-3 "波纹"对话框

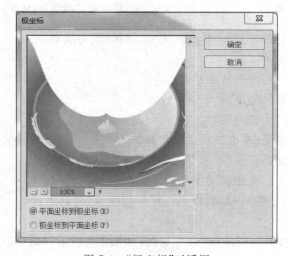

图 7-4 "极坐标"对话框

4．挤压效果

执行"滤镜"→"扭曲"→"挤压"命令,打开如图 7-5 所示对话框。

功能：使图像局部区域产生向内凹陷或向外凸出的挤压效果。

参数介绍如下。

数量：用于设置挤压的方向和挤压的程度。当值为正值时,呈凹陷状态；当值为负值时,呈凸出状态。绝对值越大,挤压的效果越明显。

5．切变效果

执行"滤镜"→"扭曲"→"切变"命令,打开如图 7-6 所示对话框。

功能：根据对话框建立的曲线将图像弯曲。

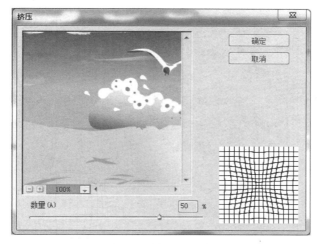

图 7-5 "挤压"对话框

图 7-6 "切变"对话框

未定义区域：可选择为"折回""重复边缘像素"。

6．球面化效果

执行"滤镜"→"扭曲"→"球面化"命令，打开如图 7-7 所示对话框。

功能：在模式为"正常"时，产生类似"极坐标"的效果，但它还可以在水平方向或垂直方向上球化。

参数介绍如下。

（1）数量：用于设置球面的大小。值为正时，球面向外凸出；值为负时，球面向内凹陷。值越大，效果越明显。

（2）模式：用于设定凸出或凹陷的方式。一般有正常方式、水平优先方式和垂直优先方式三种。

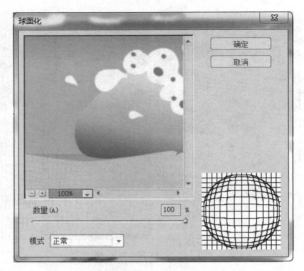

图 7-7　"球面化"对话框

7. 水波效果

执行"滤镜"→"扭曲"→"水波"命令,打开如图 7-8 所示对话框。

图 7-8　"水波"对话框

功能:用于生成池塘波纹和旋转效果。

参数介绍如下。

(1) 数量:总数设定为 26。

(2) 起伏:脉理设置为 10。

(3) 样式:选择类型为"水池波纹"。

8. 旋转扭曲效果

执行"滤镜"→"扭曲"→"旋转扭曲"命令,打开如图 7-9 所示对话框。

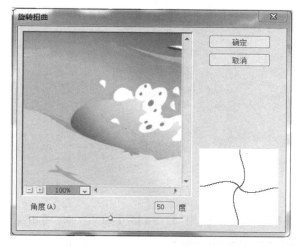

图 7-9 "旋转扭曲"对话框

功能:产生旋转的风轮效果。

参数介绍如下。

角度:调整风轮旋转角度。

9. 置换效果

执行"滤镜"→"扭曲"→"置换"命令,打开如图 7-10 所示对话框。

功能:使图像中被选择区域中的像素按照另一个图像的内容沿水平方向和垂直方向移动,产生在原图中隐含着另一个图像的特殊效果。

参数介绍如下。

(1)水平比例:用于设置像素沿水平方向移动的百分比。

(2)垂直比例:用于设置像素沿垂直方向移动的百分比。

图 7-10 "置换"对话框

(3)置换图:用于设置当位移图像含有的像素比待处理图像含有的像素少时像素的排列方式。有两种方式:一是"伸展以适合";二是"拼贴"。

(4)未定义区域:用于设置未定义区域像素的移动方式。有两种移动方式:一是"折回";二是"重复边缘像素"。

7.1.2 模糊滤镜组

模糊滤镜组的子滤镜命令如图 7-11 所示,分别对这些命令的功能做以下说明。

图 7-11 "模糊"子菜单

1. 场景模糊

执行"滤镜"→"模糊"→"场景模糊"命令,打开如图 7-12 所示工具面板。

图 7-12 "场景模糊"子菜单

功能:改变模糊像素值,可以得到相应的模糊效果,数值越大,越模糊。可以在图片上添加多个模糊点,分别控制不同地方的清晰或模糊程度。

参数介绍如下。

(1) 模糊:用于设置模糊效果。

(2) 光源散景:控制散景的亮度,即图像中高光区域的亮度,数值越大亮度越高。

(3) 散景颜色:控制高光区域的颜色,由于是高光,颜色一般都比较淡。

(4) 光照范围:用色阶控制高光范围,数值为 0~255,范围越大高光范围越大,相反高光范围就越小,可以自由控制。

2. 光圈模糊

执行"滤镜"→"模糊"→"光圈模糊"命令,打开如图 7-13 所示工具面板。

功能:通过控制点选择模糊位置,然后通过调整范围框控制模糊作用范围。

参数介绍如下。

模糊：用于设置模糊作用范围。

3．倾斜偏移模糊

执行"滤镜"→"模糊"→"倾斜偏移"命令，打开如图7-14所示工具面板。

图7-13　"光圈模糊"子菜单

图7-14　"倾斜偏移"子菜单

功能：用来模仿微距图片拍摄的效果，比较适合俯拍或者镜头有点倾斜的图片使用。参数介绍如下。

（1）模糊：控制图像中移轴模糊两条虚线外的模糊程度，数值越大越模糊。

（2）扭曲度：调整图像中移轴模糊两条虚线外的模糊图像扭曲度，数值越大越扭曲。

（3）对称扭曲：勾选对称扭曲，调整扭曲度时，虚线外两边同时调整扭曲度；不勾选，只调整一边。

4．表面模糊

执行"滤镜"→"模糊"→"表面模糊"命令，打开如图7-15所示对话框。

图7-15　"表面模糊"对话框

功能：在保留图像边缘的同时对图像进行模糊，常应用于人像磨皮、祛斑美容等方面。

参数介绍如下。

(1) 半径：设置模糊程度的大小。

(2) 阈值：设置模糊范围的大小。

5．动感模糊

执行"滤镜"→"模糊"→"动感模糊"命令，打开如图 7-16 所示对话框。

功能：用模仿物体运动时曝光的摄影手法使图像产生运动状态的模糊效果。

参数介绍如下。

(1) 角度：通过输入角度值或转动圆角度线设置运动模糊的方向。

(2) 距离：用于设置像素运动的距离，以改变模糊的强度。

6．方框模糊

执行"滤镜"→"模糊"→"方框模糊"命令，打开如图 7-17 所示对话框。

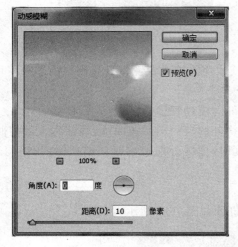
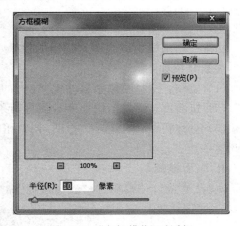

图 7-16 "动感模糊"对话框   图 7-17 "方框模糊"对话框

功能：基于图像中相邻像素的平均颜色模糊图像。

参数介绍如下。

半径：半径值越大，模糊的效果越强烈。

7．高斯模糊

执行"滤镜"→"模糊"→"高斯模糊"命令，打开如图 7-18 所示对话框。

功能：使用户可以控制模糊效果，造成难以辨认浓厚的图像模糊。该滤镜依据高斯曲线调节像素色值。

参数介绍如下。

半径：调节和控制模糊的范围。

8．进一步模糊

执行"滤镜"→"模糊"→"进一步模糊"命令。

功能：用于降低当前选择区域的对比度，使图像产生较上一个模糊命令更模糊的模糊效果。

9. 径向模糊

执行"滤镜"→"模糊"→"径向模糊"命令,打开如图 7-19 所示对话框。

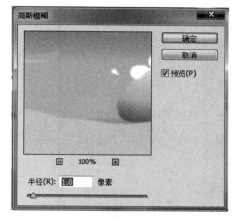

图 7-18 "高斯模糊"对话框

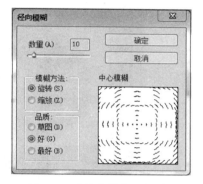

图 7-19 "径向模糊"对话框

功能:使图像产生旋转成圆形或从中心向外辐射的模糊效果。

参数介绍如下。

(1) 数量:用于设置模糊的强度。

(2) 模糊方法:用于设置模糊的方式。①"旋转",可以使图像产生同心圆样式的模糊效果;②"缩放",可以使图像产生从图像中心向外辐射的模糊效果。

(3) 品质:用于确定生成模糊效果的质量。①"草图",生成最快,质量最差;②"好",质量较前者好一些;③"最好",最为光滑,效果最好。

(4) 中心模糊:除了可以作为线性预视窗让用户看到模糊的线条形状外,还可以设置模糊的中心点位置。

10. 镜头模糊

执行"滤镜"→"模糊"→"镜头模糊"命令,打开如图 7-20 所示对话框。

功能:向图像中添加模糊以产生更窄的景深效果,以便使图像中的一些对象在焦点内,而使另一些区域变模糊。

参数介绍如下。

(1) 深度映射:允许通过图层透明度或图层蒙版反映画面上各处与焦平面的距离。

(2) 光圈:产生中心清楚,而周围却模糊的效果。

(3) 镜面高光:产生较亮的效果。

(4) 杂色:数值越大,图像变得越模糊,越柔和。

11. 模糊

执行"滤镜"→"模糊"→"模糊"命令。

功能:用于降低当前选择区域的对比度,使图像产生较轻微的模糊效果。

12. 平均

执行"滤镜"→"模糊"→"平均"命令。

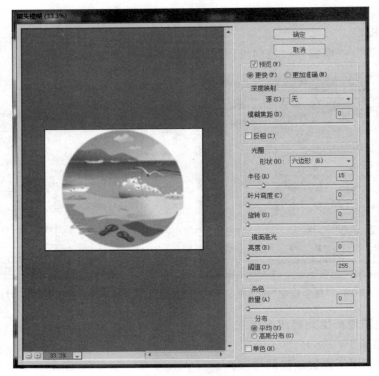

图 7-20 "镜头模糊"对话框

功能：用于使图像颜色产生较轻微的模糊效果。

13. 特殊模糊

执行"滤镜"→"模糊"→"特殊模糊"命令，打开如图 7-21 所示对话框。

图 7-21 "特殊模糊"对话框

功能：使图像的边界部分产生模糊效果。

参数介绍如下。

（1）半径：用于设置模糊的范围。

（2）阈值：用于设置模糊的初始像素值。

（3）品质：用于设置进行模糊处理后的图像质量，有低、中和高3种选择。

（4）模式：用于设置模糊的方式，有正常、边缘优先和叠加边缘三个选择。

14. 形状模糊

执行"滤镜"→"模糊"→"形状模糊"命令，打开如图7-22所示对话框。

功能：可根据预置的形状或自定义的形状对图像进行特殊的模糊处理。

参数介绍如下。

半径：用于设置模糊的范围。

7.1.3 风格化滤镜组

风格化滤镜组的滤镜命令如图7-23所示，下面分别对这些命令的功能做详细说明。

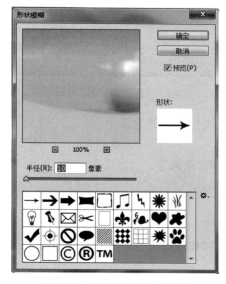

图 7-22 "形状模糊"对话框

图 7-23 "风格化"子菜单

1. 查找边缘

执行"滤镜"→"风格化"→"查找边缘"命令。

功能：用于搜寻显示主要颜色的变化区域后，强化其过渡像素，效果是图像的轮廓像被铅笔勾描过一样。此滤镜没有对话框。

2. 等高线

执行"滤镜"→"风格化"→"等高线"命令，打开如图7-24所示对话框。

功能：围绕边缘均匀画出一条较细的线，以使用户确定过渡区域的色泽水平。

参数介绍如下。

（1）色阶：确认边缘对应的是较低像素还是较高像素。

（2）边缘：较低是低于色阶值的像素，较高是高于色阶值的像素。

3．风

执行"滤镜"→"风格化"→"风"命令，打开如图 7-25 所示对话框。

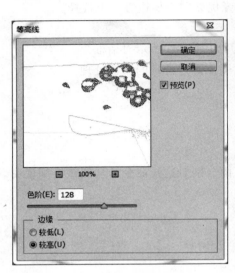

图 7-24　"等高线"对话框　　　　　　　　　　图 7-25　"风"对话框

功能：通过在图像中增加一些小的水平线生成风的效果。

参数介绍如下。

（1）方法：用于设定风的类型，如风、大风、飓风等。

（2）方向：用于设定风吹的方向。

4．浮雕效果

执行"滤镜"→"风格化"→"浮雕效果"命令，打开如图 7-26 所示对话框。

功能：通过勾画图像或所选择区域的轮廓和降低周围色值来生成浮雕的效果。

参数介绍如下。

（1）角度：调节效果光源的方向。

（2）高度：控制浮雕凸起的高度。

（3）数量：控制浮出图像的色值。

5．扩散

执行"滤镜"→"风格化"→"扩散"命令，打开如图 7-27 所示对话框。

功能：创建一种似透过磨砂玻璃观察的分离模糊效果。

参数介绍如下。

模式：选择产生效果的模式。"正常"通过移动像素点实现扩散效果；"变暗优先"通过用暗色像素代替明亮像素实现扩散效果；"变亮优先"则正好与"变暗优先"相反；"各向异性"是暗色像素与明亮像素交换的效果。

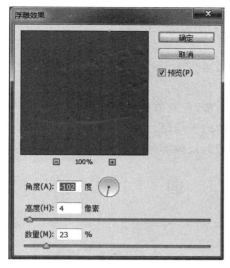

图 7-26 "浮雕效果"对话框

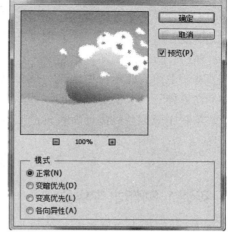

图 7-27 "扩散"对话框

6. 拼贴

执行"滤镜"→"风格化"→"拼贴"命令,打开如图 7-28 所示对话框。

功能:根据对话框给定值将图像分成贴磁状。

参数介绍如下。

(1)拼贴数:在图像的行列中最小的磁砖数。

(2)最大位移:从原始位置移位的最大距离。

(3)填充空白区域用:填充空白区域的方式。

7. 曝光过度

执行"滤镜"→"风格化"→"曝光过度"命令。

功能:使图像产生底片被曝光的效果。

8. 凸出

执行"滤镜"→"风格化"→"凸出"命令,打开如图 7-29 所示对话框。

图 7-28 "拼贴"对话框

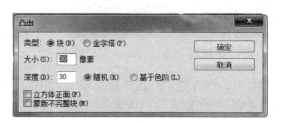

图 7-29 "凸出"对话框

功能:根据对话框中的选项将图像转化为一系列的三维立方体或锥体,可以此来改变图像或生成特殊的三维背景。

参数介绍如下。

（1）类型：一种是块，另一种是金字塔。

（2）大小：设置立方体或锥体底面的大小。

（3）深度：用数值控制图像从屏幕凸起的深度。

（4）随机：凸起深度随机产生。

（5）基于色阶：使图像中的某一部分亮度增加，使立方体或锥体与色值连在一起。

（6）立方体正面：使立方体的表面涂上物体的平均色。

（7）蒙版不完整块：保证所有的凸起都在筛选处理部分之内。

7.2　实　　训

7.2.1　实训 1：制作水中倒影

通过实训"制作水中倒影"，熟练掌握"图像"→"画布大小"命令、"滤镜"→"扭曲"命令、"滤镜"→"模糊"命令以及"矩形选框"工具的使用方法。

制作水中倒影的具体步骤如下所述。

（1）打开一幅需要制作水中倒影的图像文件。打开"素材/第 7 章/滤镜/01.jpg"图片，如图 7-30 所示。

（2）改变画布的大小，以增加放置倒影的区域部分。选择"图像"→"画布大小"命令，在打开的对话框中做如图 7-31 所示的设置。

图 7-30　"素材/第 7 章/滤镜/01.jpg"图片

图 7-31　"画布大小"对话框

（3）用矩形选框工具选中空白部分，如图 7-32 所示，然后按 Ctrl＋Shift＋I 组合键进行反向选择，选中原来的图像部分。

（4）按 Ctrl＋J 组合键将当前所选区域复制到一个新的图层，名为"图层 2"，如图 7-33 所示为此时的图层控制面板。复制的图像用来做倒影部分。

（5）按 Ctrl＋T 组合键，垂直翻转"图层 2"中的图像，移动到如图 7-34 所示位置。此时的图层控制面板如图 7-35 所示。

图 7-32　选中空白部分

图 7-33　复制图层

图 7-34　垂直翻转、移动后

图 7-35　图层面板

（6）选择"滤镜"→"扭曲"→"波纹"命令,在打开的"波纹"对话框中进行参数设置,如图 7-36 所示。

（7）选择"滤镜"→"模糊"→"动感模糊"命令,在打开的"动感模糊"对话框中设置角度为 45 度,距离为 8 像素,如图 7-37 所示。

图 7-36　"波纹"对话框设置

图 7-37　"动感模糊"对话框设置

（8）选择"滤镜"→"扭曲"→"水波"命令,在打开的"水波"对话框中进行参数设置,如图 7-38 所示。

（9）按 Ctrl＋D 组合键取消选定。

（10）在图层控制面板中将"图层 2"的不透明度改为 88％。合并图层,最终效果如图 7-39 所示。

图 7-38 "水波"对话框设置

图 7-39 最终效果

7.2.2 实训 2: 制作艺术镜框

制作艺术镜框的具体步骤如下所述。

（1）打开"素材/第 7 章/滤镜/02.jpg"图片,如图 7-40 所示,重命名为"艺术镜框.psd"。

（2）激活动作面板,然后在动作控制面板下拉框中选择木质画框－50 像素,如图 7-41 所示。单击"播放"按钮。

图 7-40 "素材/第 7 章/滤镜/02.jpg"图片

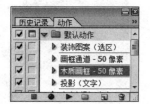

图 7-41 动作面板

说明: 如果当前屏幕中没有显示出动作面板,可选择"窗口"→"动作"命令。

（3）在执行动作面板中加画框的操作过程中，Photoshop 会自动裁剪和做各种相关的滤镜操作，若活动自动进行而反复出现询问框等信息时，单击"停止"按钮或单击活动控制面板下方的"停止"按钮，终止滤镜操作，能得到同样的效果。此时的图层面板如图 7-42 所示，效果如图 7-43 所示。

图 7-42 图层面板

图 7-43 加画框效果

（4）下面为画框添加一些文字。按 Ctrl＋N 组合键建立一个新文件，设置如图 7-44 所示。

图 7-44 "新建"对话框

（5）单击文字工具，在编辑区中输入 zebra 字样，多次复制此文字图层，并将其调整成图 7-45 所示的位置关系。

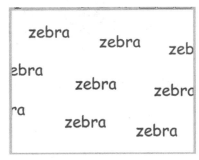

图 7-45 输入文字

（6）按 Ctrl＋Shift＋E 组合键合并所有文字层。

（7）执行"滤镜"→"风格化"→"浮雕效果"命令,在弹出的"浮雕效果"对话框中进行参数设置,如图 7-46 所示,之后单击"确定"按钮。按 Ctrl＋S 组合键,将此文件保存起来,格式为.psd,命名为"纹理.psd",之后就可以关闭此文件了。

（8）激活"01 副本"图像文件,在图层控制面板中激活"画框"层,如图 7-47 所示。然后用魔棒工具在图像中的木质纹理上任意处单击,选中木质纹理。

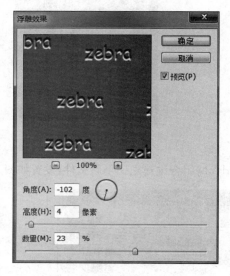

图 7-46　"浮雕效果"设置　　　　　　　图 7-47　"画框"图层

（9）执行"滤镜"→"纹理"→"纹理化"命令,在弹出的对话框中打开"纹理"后面的下拉菜单"载入纹理",随后在弹出的对话框中选择刚才建立的"纹理.psd"文件,其他各项参数的设置参照图 7-48,单击"确定"按钮确定。

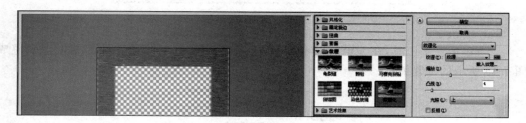

图 7-48　"纹理化"对话框

（10）按 Ctrl＋M 组合键,在弹出的"曲线"对话框中调整曲线,如图 7-49 所示,之后单击"确定"按钮。

（11）按 Ctrl＋D 组合键取消选定,合并所有图层,最终效果如图 7-50 所示。

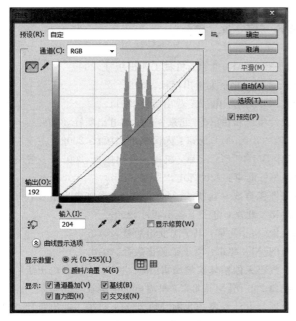

图 7-49 "曲线"对话框　　　　　　　　　　　图 7-50 最终效果

参 考 文 献

[1] 葛建国. Photoshop CS6 平面设计创意与范例[M]. 北京：机械工业出版社, 2005.

[2] 唐一鹏. 网站色彩与构图案例教程[M]. 北京：北京大学出版社, 2008.

[3] 邹羚. Photoshop 图像处理项目式教程[M]. 北京：电子工业出版社, 2011.

[4] 时代印象, 罗亮. Photoshop CS3 平面设计实例精讲[M]. 北京：人民邮电出版社, 2008.

[5] 通图文化. Photoshop CS3 数码照片处理 208 例[M]. 北京：人民邮电出版社, 2009.

[6] 侯婷婷. Photoshop CS3 特效与艺术设计 100 例[M]. 北京：机械工业出版社, 2007.

[7] 李金明. Photoshop CS3 完全自学教程[M]. 北京：人民邮电出版社, 2007.

[8] 雷剑, 盛秋. Photoshop CS3 印象通道与图像合成专业技法[M]. 北京：人民邮电出版社, 2008.

[9] 张慧英. Photoshop CS4 核心技术精粹[M]. 北京：电子工业出版社, 2009.

[10] 三恒星科技. Photoshop CS4 经典 380 例[M]. 北京：电子工业出版社, 2010.

[11] 刘爱华. Photoshop CS4 经典案例 200 例[M]. 北京：电子工业出版社, 2010.

[12] 通图文化, 雷剑, 盛秋. Photoshop CS4 数码人像精修实例精讲[M]. 北京：人民邮电出版社, 2009.

[13] 吉祥. Photoshop CS4 数码照片处理经典 200 例[M]. 北京：科海电子出版社, 2009.

[14] 麓山文化. Photoshop CS4 数码照片处理与设计经典 208 例[M]. 北京：机械工业出版社, 2010.

[15] 刘传梁. Photoshop CS4 影楼数码照片处理技法精讲[M]. 北京：中国铁道出版社, 2010.

[16] 周峰, 李晓波. Photoshop CS4 经典案例设计与实现[M]. 北京：电子工业出版社, 2009.

[17] 李长安. Photoshop 图像处理教程[M]. 北京：人民邮电出版社, 2011.

[18] 张丹丹. 中文版 Photoshop 入门与提高[M]. 北京：人民邮电出版社, 2011.